纺织服装高等教育"十二五"部委级规划教材

U0394147

Photoshop CS5

平面设计教程

The Foundation of Photoshop CS5

李金强　主　编

孟祥三　于政婷　副主编

东华大学出版社

内 容 简 介

《Photoshop CS5 平面设计教程》详细介绍了如何利用 Photoshop CS5 的各种功能来创建、编辑图形和图像,以及如何制作出独具一格的精美图像效果。通过对本书的学习,读者可以比较全面地掌握 Photoshop CS5 软件中的理论知识和其中的操作要点。本教材从读者角度出发,以具体实例为载体,采取理论联系实际操作的方式将 Photoshop CS5 的知识点展现于读者面前,适合广大初学者掌握软件的各种操作方法和技巧,以便在日后的学习和工作中能够熟练运用,完成创作目标。

《Photoshop CS5 平面设计教程》也可以作为电脑平面广告设计人员、电脑美术爱好者以及与图形、图像设计相关的工作人员的学习、工作参考用书。

图书在版编目(CIP)数据

Photoshop CS5 平面设计教程 /李金强主编. —上海:东华大学出版社,2014.8

ISBN 978 - 7 - 5669 - 0524 - 6

Ⅰ.①P… Ⅱ.①李… Ⅲ.①图象处理软件—高等学校—教材 Ⅳ.①TP391.41

中国版本图书馆 CIP 数据核字(2014)第 174072 号

责任编辑 谢 未 李 静
封面设计 王 丽

Photoshop CS5 平面设计教程
Photoshop CS5 Pingmian Sheji Jiaocheng

主　　　编:李金强
副　主　编:孟祥三　于政婷

出　　　版:东华大学出版社
(上海市延安西路 1882 号 邮政编码:200051)
出版社网址:http://www.dhupress.net
天猫旗舰店:http://dhdx.tmall.com
营 销 中 心:021-62193056　62373056　62379558
印　　　刷:苏州望电印刷有限公司
开　　　本:787 mm×1092 mm　1/16
印　　　张:11.75
字　　　数:320 千字
版　　　次:2014 年 8 月第 1 版
印　　　次:2014 年 8 月第 1 次印刷
书　　　号:ISBN 978 - 7 - 5669 - 0524 - 6/TP・011
定　　　价:38.00 元

前　言

Photoshop 作为目前最流行的图像处理应用软件，自问世以来就以其在图像编辑、制作、处理方面的强大功能和易用性、实用性而备受广大计算机用户的青睐。Photoshop 同时是一个实践性和操作性很强的软件，在学习此软件时都必须在练中学、学中练，这样才能够掌握具体的软件操作知识。

由于此软件还是一个与艺术联系较紧密的软件，因此要想掌握此软件并最终进入与艺术相关的设计领域，还需要提高自己的审美修养，学会在欣赏优秀作品中汲取设计精华。

本书在写作过程中，主要内容围绕时下最新、最稳定，且设计者应用最广泛的 Photoshop CS5 版本撰写。 为了配合广大学生和技术人员尽快掌握 Photoshop CS5 的使用方法，本书以通俗的语言，大量的插图和实例，由浅入深详细地讲解了 Photoshop CS5 的强大功能。本书的主要特点如下：

（1）充分考虑了 Photoshop CS5 软件在使用时的操作性问题，针对图书内容进行了优化安排，根据读者的特点，讲解循序渐进，知识点逐渐展开，基础较薄弱的读者也可以轻松入门。

（2）所举实例不仅注重技术性，更注重实用性与艺术性。使读者通过学习，不仅能够举一反三，达到事半功倍的学习效果，还可以欣赏到优秀的设计作品。

（3）突出教学性，在以实例讲解功能、知识要点时，配有大量的案例并列出详细步骤，在章节后面安排了相应的上机练习，使其内容更易操作和掌握。

本书共分十三章，其中第一～十二章讲解了 Photoshop CS5 中文版的大部分实用知识，包括工作界面操作、图像的颜色设置、选区操作、图层的基础知识及高级操作、绘画及文本处理操作、图像的色调和色彩调整操作、通道与蒙版理论剖析与操作、滤镜和动作操作等内容。

第十三章是综合实例，共讲解了 4 个实例，通过练习这些案例，读者可融会贯通理论章节所讲述的知识。

本书是集体劳动的结晶，参与编写的人员有：李金强（第一、 二、 十章）、孟祥三（第三、 六、 七、十三章）、于政婷（第四、 十一、 十二章）、李亚男（第五、 八章）、韩兵（第九章）。 本书最后由李金强统稿，并进行内容删减调整和修改润饰。 在此，向上述提到的各位以及给予本书帮助的所有人员表示衷心的感谢。

本书适合于高等院校、高职高专等工科院校作为教材使用，也可作为技术人员的参考书和自学读本。

限于水平与时间，本书在操作步骤、效果及表述方面难免存在不尽如人意之处，希望各位读者指正。

编　者

目录 Contents

第一章

Photoshop CS5 简介

本章将详细讲解 Photoshop CS5 的基础知识和基本操作。读者通过学习将对Photoshop CS5有初步的认识和了解,并能够掌握软件的基本操作方法,为以后的学习打下坚实的基础。

学习任务

- Photoshop CS5 的系统要求
- 工作界面的介绍
- 如何新建和打开图像
- 如何保存和关闭图像
- 图像的显示效果
- 标尺、参考线和网格线的设置

- 图像和画布尺寸的调整
- 设置绘图颜色
- 了解图层的含义
- 恢复操作的应用
- 上机练习

1.1 Photoshop CS5 的系统要求

在使用 Photoshop CS5 制作图像的过程中,不仅有大量的信息需要存储,而且在每一步操作中都需要经过复杂的计算,才能改变图像的效果。所以,计算机配置的高低对 Photoshop CS5 软件的运行有直接的影响。要使 Photoshop CS5 正常运行,对系统的基本要求如下:

◎ Intel Pentium 4 处理器或更高级

◎ 内存 512 MB 以上(推荐使用 1 GB)

◎ 80 GB 以上的可用硬盘空间

◎ 配有 16 位彩色或更高级视频卡的彩色显示器

◎ 1024 像素×768 像素或更高的显示器分辨率

◎ Windows 2000 SP4 或 Windows XP SP1 或 SP2 操作系统

◎ 鼠标或其他定位设备

◎ CD-ROM

如果要从事平面设计工作,在系统配置上要尽量选择高配置。应该配置高性能的真色彩适配卡,显存要大于 128 MB,这样才能在处理高质量的图像时提高显示速度。内存的容量也要尽量增加,这样可以明显地提高处理图像的速度。硬盘空间必须要充足,高质量的图像存储和处理也需要大的硬盘空间。

1.2 工作界面的介绍

使用工作界面是学习 Photoshop CS5 的基础,熟练掌握工作界面的内容,有助于广大初学者日后得心应手地使用 Photoshop CS5,如图 1-1 所示。

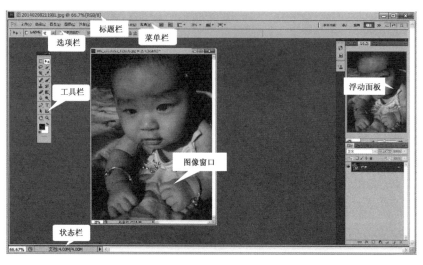

图 1-1

1.2.1 菜单栏

Photoshop CS5 的菜单栏依次分为:"文件"菜单、"编辑"菜单、"图像"菜单、"图层"菜单、"选择"菜单、"滤镜"菜单、"视图"菜单、"窗口"菜单及"帮助"菜单,如图 1-2 所示。

图 1-2

1.2.2 工具箱

Photoshop CS5 的工具箱位于工作界面的左侧,共有 50 多个工具,每个工具都有自己的属性和特点。要使用工具箱中的工具,只要用鼠标右键单击该工具图标即可。如果该图标中还有其他工具(当图标右下角有小三角形标示时),单击并长按鼠标右键将弹出隐藏工具栏,选择其中的工具单击即可使用。图 1-3

所示为 Photoshop CS5 的工具箱。

图 1-3

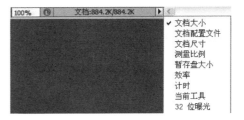

图 1-5

1.2.3 属性栏

用户选择工具箱中的任意一个工具后,都会在 Photoshop CS5 的界面中出现相对应的属性栏。例如,选择工具箱中的"画笔工具",则对应出现画笔工具的属性栏,如图 1-4 所示。

图 1-4

1.2.4 状态栏

在 Photoshop CS5 中,图像的状态栏显示在图像文件窗口的底部。状态栏的左侧是当前图像缩放显示的百分数;状态栏的中间部分是图像的文件信息,用鼠标单击黑色三角图标,在弹出的菜单中可以选择当前图像的相关信息,如图 1-5 所示。

1.2.5 控制面板

Photoshop CS5 的控制面板是处理图像时另一个不可或缺的部分。打开 Photoshop CS5,可以看到 Photoshop CS5 的界面为用户提供了多个控制面板组。在这些控制面板组中,通过切换各控制面板的选项卡还可以选择其他控制面板,如图 1-6 所示。如果控制面板组中右下角有■图标,用鼠标单击图标■并按住左键不放,可拖曳放大或缩小控制面板。

图 1-6

1.3　如何新建和打开图像

如果要在一个空白的图像上绘图,就要在 Photoshop CS5 中新建一个图像文件;如果要对照片或对图片进行修改和处理,就要在 Photoshop CS5 中打开需要的图像。

1.3.1 新建图像

新建图像是使用 Photoshop CS5 进行设计的第一步。启用"新建"命令,有以下几种方法。

▶ 选择菜单栏中的"文件 → 新建"命令。

▶ 按 Ctrl＋N 组合键。

启用"新建"命令,将弹出"新建"对话框,如图 1-7 所示。

(1) 在名称文本框中输入图像文件的名称。

(2) 预设中可以选择默认大小或者根据需要设置。

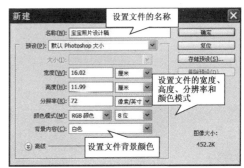

图 1-7

3

（3）在宽度和高度的文本框中输入相应的尺寸。

（4）设置图像的分辨率（像素／英寸、像素／厘米）。

（5）颜色模式可以选择位图、灰度、RGB、CMYK 或 Lab 颜色。

（6）背景内容可以选择白色、背景色或透明。

（7）单击"高级"按钮，弹出新选项，"颜色配置文件"选项的下拉列表可以设置文件的色彩配置方式；"像素长宽比"选项的下拉列表可以设置文件中像素比的方式。

（8）信息栏中"图像大小"下面显示的是当前文件的大小。

设置好后，单击"确定"按钮，即可完成新建图像的任务，如图 1-8 所示。

图 1-8

提示：

每英寸像素数越高，图像的文件也越大。应根据工作需要设定合适的分辨率。

1.3.2 打开图像

打开图像是使用 Photoshop CS5 对原有图片进行修改的第一步。

使用菜单命令或快捷键启用"打开"命令，有以下几种方法。

▶ 选择"文件 → 打开"命令。

▶ 按 Ctrl＋O 组合键。

▶ 直接在 Photoshop CS5 界面中双击鼠标左键。

启用"打开"命令，将弹出"打开"对话框，如图 1-9 所示。

在对话框中搜索路径和文件，确认文件类型和名称，通过 Photoshop CS5 提供的预览缩略图选择文件，然后左键单击"打开"按钮，或直接双击文件，即可打

开指定的图像文件，如图 1-10 所示。

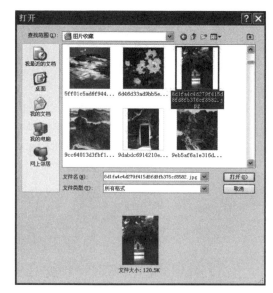

图 1-9

图 1-10

技巧：

在"打开"对话框中，也可以同时打开多个文件，只要在文件列表中将所需的多个文件选中，单击"打开"按钮，Photoshop CS5 就会按先后次序逐个打开这些文件，以免多次反复调用"打开"对话框。在"打开"对话框中，按住 Ctrl 键的同时，用鼠标单击可以选择不连续的文件；按住 Shift 键，用鼠标单击可以选择连续的文件。

1.4　如何保存和关闭图像

对图像的编辑和制作完成后,就需要对图像进行保存。对于暂时不用的图像,进行保存后就可以将它关闭。

1.4.1 保存图像

编辑和制作完图像后,就需要对图像进行保存。

(1) 启用"存储"命令,有以下几种方法。

▶ 选择"文件 → 存储"命令。

▶ 按 Ctrl+S 组合键。

当对设计好的作品进行第一次存储时,启用"存储"命令,系统将弹出"存储为"对话框,如图 1-11 所示,在对话框中,输入文件名并选择文件格式,单击"保存"按钮,即可将图像保存。

图 1-11

提示:

当对图像文件进行了各种编辑操作后,选择"存储"命令,系统不会弹出"存储为"对话框,计算机直接保留最终确认的结果,并覆盖原始文件。因此,在未确定要放弃原始文件之前,应慎用此命令。

若既要保留修改过的文件,又不想放弃原文件,则可以使用"存储为"命令。

(2) 启用"存储为"命令,有以下几种方法。

▶ 选择"文件 → 存储为"命令。

▶ 按 Shift+Ctrl+S 组合键。

启用"存储为"命令,系统将弹出"存储为"对话框,在对话框中,可以为更改过的文件重新命名、选择路径和设定格式,然后进行保存。原文件保留不变。

存储对话框选项:

作为副本:在一幅图像以不同的文件格式或不同的文件名保存的同时,将它的 PSD 文件保留,以备以后修改方便。

注释:勾选该复选框可以将图像中的注释信息保留下来。

Alpha 通道:保存图像时,把 Alpha 通道一并保存下来。

专色:保存图像时,把专色通道一并保存下来。

层:勾选该复选框将各个图层都保存下来。

1.4.2 关闭图像

将图像进行保存后,就可以将图像关闭了。

关闭图像,有以下几种方法。

▶ 选择"文件 → 关闭"命令。

▶ 按 Ctrl+W 组合键。

▶ 单击图像窗口右上方的"关闭"按钮 **X**。

关闭图像时,若当前文件被修改过或是新建的文件,则系统会弹出一个提示框,如图 1-12 所示,询问用户是否进行保存,若单击"是"按钮则保存图像。如果要将打开的图像全部关闭,可以选择"文件 → 关闭全部"命令。

图 1-12

1.5　图像的显示效果

使用 Photoshop CS5 编辑和处理图像时,可以通过改变图像的显示比例来使工作变得更加便捷高效。

1.5.1 100%显示图像

100%显示图像,如图 1-13 所示。在此状态下可以对文件进行精确的编辑。

1.5.2 放大显示图像

放大显示图像有利于观察图像的局部细节并更准确地编辑图像。放大显示图像,有以下几种方法。

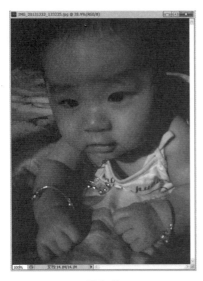

图 1-13

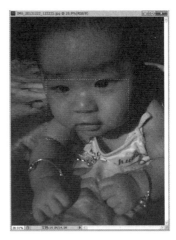

图 1-16

▶ 使用"缩放"工具 🔍:选择工具箱中的"缩放"工具 🔍,图像中光标变为放大工具 🔍,每单击一次鼠标,图像就会增加原图的一倍,例如,图像以 100% 的比例显示在屏幕上,单击放大工具 🔍 一次,则变成 200%,再单击一次,则变成 300%,如图 1-14 和图 1-15 所示。

图 1-14

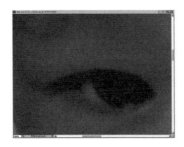

图 1-15

要放大一个指定的区域时,先选择放大工具 🔍,然后把放大工具定位在要放大的区域,按住鼠标左键并拖动鼠标,使画出的矩形框圈选住所需的区域,然后松开鼠标左键,这个区域就会放大显示并填满图像窗口,如图1-16 和图 1-17 所示。

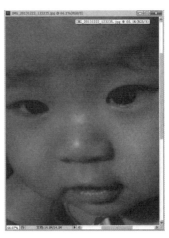

图 1-17

▶ 使用快捷键:按 Ctrl ＋＋组合键,可逐次地放大图像。

▶ 使用属性栏:如果希望将图像的窗口放大填满整个屏幕,可以在缩放工具的属性栏中单击"适合屏幕"按钮,再选中"调整窗口大小以满屏显示"选项,如图 1-18 所示。这样在放大图像时,窗口就会和屏幕的尺寸相适应,如图 1-19 所示;单击"实际像素"按钮,图像以实际像素比例显示;单击"打印尺寸"按钮,图像以打印分辨率显示。

| 🔍 ▼ | 🔍🔍 | □ 调整窗口大小以满屏显示 | □ 缩放所有窗口 | 实际像素 | 适合屏幕 | 填充屏幕 | 打印尺寸 |

图 1-18

▶ 使用"导航器"控制面板:用户也可以在"导航器"控制面板中对图像进行放大,单击控制面板右下角较大的三角图标 ◢,可逐次地放大图像。单击控制面板左下角较小的三角图标 ◣,可逐次地缩小图像,拖拉滑块可以自由地将图像放大或缩小。在左下角

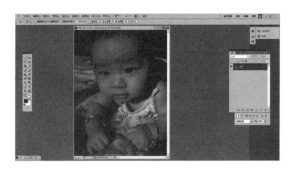

图 1-19

的数值框中直接输入数值后,按 Enter 键确认,也可以将图像放大或缩小,如图 1-20~图 1-22 所示。

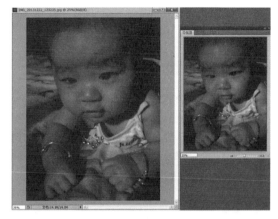

图 1-20

图 1-21

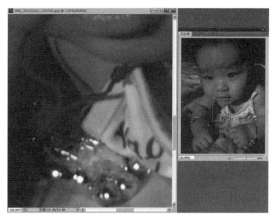

图 1-22

1.5.3 缩小显示图像

缩小显示,可使图像变小,这样一方面可以用有限的屏幕空间显示出更多的图像;另一方面可以看到一个较大图像的全貌。缩小显示图像,有以下几种方法。

▶ 使用"缩放"工具 🔍:选择工具箱中的"缩放"工具 🔍,图像中光标变为放大工具图标 ⊕,按住 Alt 键,则屏幕上的缩放工具图标变为缩小工具图标 ⊖。每单击一次鼠标,图像将缩小显示一级。

▶ 使用属性栏:在"缩放"工具的属性栏中单击缩小工具按钮,如图 1-23 所示,则屏幕上的缩放工具图标变为缩小工具图标,每单击一次鼠标,图像将缩小显示一级。

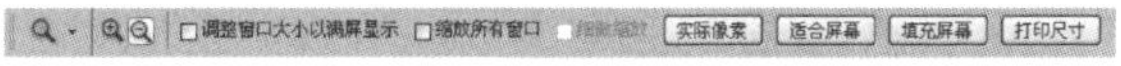

图 1-23

▶ 使用快捷键:按 Ctrl +一组合键,可逐次地缩小图像。

1.5.4 全屏显示图像

全屏显示图像,可以更好地观察图像的完整效果。全屏显示图像,有以下几种方法。

▶ 单击标题栏中的屏幕模式按钮 ▣,弹出屏幕模式菜单:标准屏幕模式、带有菜单栏的全屏模式和全屏模式。

▶ 使用快捷键:反复按 F 键,可以切换不同的屏幕模式效果,如图 1-24～图 1-26 所示。按 Tab 键,可以关闭除图像和菜单外的其他控制面板,如图 1-27 所示。

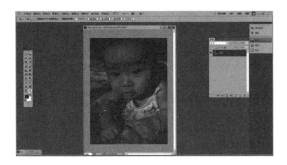

图 1-24

图 1-25

图 1-26

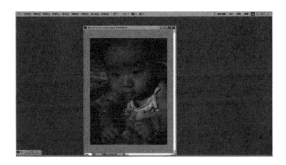

图 1-27

1.5.5 图像窗口显示

当打开多个图像文件时,会出现多个图像文件窗口,这就需要对窗口进行布置和摆放。用鼠标双击 Photoshop CS5 界面,弹出"打开"对话框,在"打开"对话框中,按住 Ctrl 键的同时,用鼠标点选要打开的多个文件,如图 1-28 所示,单击"打开"按钮,效果如图 1-29 所示。

图 1-28

图 1-29

1.5.6 观察放大图像

可以将图像进行放大以便观察。选择工具箱中的 🔍 "缩放"工具,在图像中光标变为放大工具 🔍 后,放大图像,图像周围会出现滚动条。

观察放大图像,有以下几种方法。

▶ 应用"抓手"工具 🖐 :选择工具箱中的"抓手"工具 🖐 ,图像中光标变为抓手,在放大的图像中拖曳,可以观察图像的每个部分。

▶ 拖曳滚动条:直接用鼠标拖曳图像周围的垂直或水平滚动条,可以观察图像的每个部分。

技巧:

如果正在使用其他工具进行工作,按住 Spacebar(空格)键,可以快速选择"抓手"工具 🖐 。

1.6 标尺、参考线和网格线的设置

标尺、参考线和网格线的设置可以使图像处理变得更加精确。有许多实际设计任务中的问题也需要使用标尺和网格线来解决。

1.6.1 标尺的设置

设置标尺可以精确地编辑和处理图像。选择"编辑 → 首选项 → 单位与标尺"命令，如图 1-30 所示。"单位"选项组用于设置标尺和文字的显示单位，有不同的显示单位供你选择；"列尺寸"选项组可以用列来精确图像的尺寸；"点/派卡大小"选项组则与输出有关。

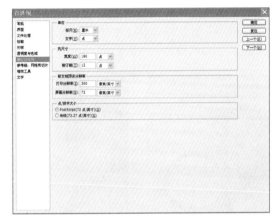

图 1-30

选择"视图 → 标尺"命令，或反复按 Ctrl＋R 组合键，可以显示或隐藏标尺，如图 1-31 和图 1-32 所示。

图 1-31   图 1-32

将鼠标指针放在标尺的 X 轴和 Y 轴的 0 点处。单击并按住鼠标左键不放，拖曳指针到适当的位置，如图 1-33 所示，松开鼠标左键，标尺的 X 轴和 Y 轴的 0 点就会处于光标移动到的位置，如图 1-34 所示。

图 1-33   图 1-34

1.6.2 参考线的设置

设置参考线可以使编辑图像的位置更精确。将鼠标指针放在水平标尺上，按住鼠标左键不放，可以拖曳出水平的参考线，如图 1-35 所示，将鼠标指针放在垂直标尺上，按住鼠标左键不放，可以拖曳出垂直的参考线，如图 1-36 所示。

图 1-35   图 1-36

技巧：

按住 Alt 键，可以从水平标尺中拖曳出垂直参考线，也可以从垂直标尺中拖曳出水平参考线。

选择"视图 → 显示 → 参考线"命令(只有在参考

线存在的前提下此命令才能应用),或反复按 Ctrl ＋;
组合键,可以将参考线显示或隐藏。

选择工具箱中的"移动"工具，将鼠标指针放
在参考线上,指针由"移动工具"图标变为或，按
住鼠标左键拖曳可以移动参考线。

选择"视图 → 锁定参考线"命令或按 Alt＋Ctrl
＋;组合键,可以将参考线锁定,锁定后参考线不能移
动。选择"视图 → 清除参考线"命令,可以将参考线
清除。选择"视图 → 新建参考线"命令,弹出"新建参
考线"对话框,如图 1-37 所示,设定后单击"确定"按
钮,图像中出现新建的参考线。

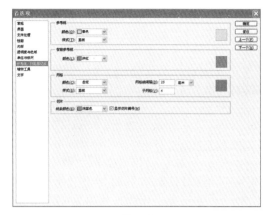

图 1-38

图 1-37

1.6.3 网格线的设置

设置网格线可以更精确地处理图像,设置方法如
下。选择"编辑 → 首选项 → 参考线、网格和切片"命
令,如图 1-38 所示。"参考线"选项组用于设定参考
线的颜色和样式;"网格"选项组用于设定网格的颜
色、样式以及网格线间隔和子网格等;"切片"选项组
用于设定切片的颜色和显示切片的编号。

打开一张图片,显示标尺,效果如图 1-39 所示,
选择"视图 → 显示 → 网格"命令,或反复按 Ctrl＋'
组合键,可以将网格显示或隐藏,如图 1-40 所示。

图 1-39   图 1-40

1.7　图像和画布尺寸的调整

在完成平面设计任务的过程中,经常需要调整图像尺寸。下面具体讲解图像和画布尺寸的调整方法。

1.7.1 图像尺寸的调整

打开一幅图像,如图 1-41 所示,选择"图像 → 图
像大小"命令,系统将弹出"图像大小"对话框,如图
1-42 所示。

"像素大小"选项组可以通过改变宽度和高度的
数值,改变在屏幕上显示的图像大小,图像的尺寸也
相应改变;"文档大小"选项组可以通过改变宽度、高
度和分辨率的数值,改变图像的文档大小,图像的尺
寸也相应改变;"约束比例"选项,选中该复选框,在宽
度和高度的选项后出现"锁链"图标，表示改变其中
一项设置时,两项会成比例地同时改变;"重定图像像
素"选项,不选中该复选框,像素大小将不会发生变

图 1-41

图 1-42

化,此时"文档大小"选项组中的宽度、高度和分辨率的选项后将出现"锁链"图标 ,改变时 3 项会同时改变,如图 1-43 所示。

图 1-43

用鼠标单击"自动"按钮,弹出"自动分辨率"对话框,系统将自动调整图像的分辨率和品质效果,如图 1-44所示。

图 1-44

所示。在"图像大小"对话框中,也可以通过选择改变数值的计量单位,如图 1-45 所示。

图 1-45

1.7.2 画布尺寸的调整

图像画布尺寸的大小是指当前图像周围的工作空间的大小。

选择"图像 → 画布大小"命令,系统将弹出"画布大小"对话框,如图 1-46 所示。"当前大小"选项组用于显示当前文件的大小和尺寸;"新建大小"选项组用于重新设定图像画布的大小;"定位"选项则可调整图像在新画面中的位置,如偏左、居中或偏右上等。

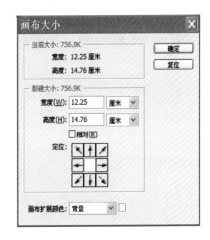

图 1-46

调整画布大小的效果对比如图 1-47 所示。

在"画布扩展颜色"选项的下拉列表中可以选择填充图像周围扩展部分的颜色,在列表中可以选择前景色、背景色或 Photoshop CS5 中的默认颜色,也可以自己调整所需颜色,如图 1-48 所示。

图 1-47

图 1-48

1.8　设置绘图颜色

在 Photoshop CS5 中，可以根据设计和绘图的需要设置多种不同的颜色。

1.8.1　使用色彩控制工具设置颜色

工具箱中的色彩控制工具可以用于设定前景色和背景色。单击前景色或背景色控制框,系统将弹出如图 1-49 所示的色彩"拾色器"对话框,可以在此选取颜色。单击切换标志或按 X 键可以互换前景色和背景色。单击初始化图标,可以使前景色和背景色恢复到初始状态,前景色为黑色、背景色为白色。

在"拾色器"对话框中设置颜色,有以下几种方法。

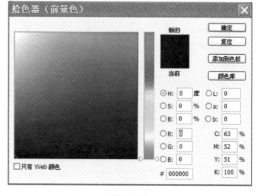

图 1-49

▶ 使用颜色滑块和颜色选择区：用鼠标在颜色相区域内单击或拖曳两侧的三角形滑块，如图 1-50 所示，都可以使颜色的色相产生变化。

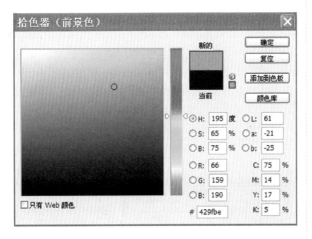

图 1-50

在"拾色器"对话框左侧的颜色选择区中，可以选择颜色的明度和饱和度，垂直方向表示的是明度的变化，水平方向表示的是饱和度的变化。

当选择好颜色后，在对话框右侧上方的颜色框中会显示所选择的颜色，右侧下方是所选择颜色的 HSB、RGB、Lab、CMYK 值，选择好颜色后，单击"确定"按钮，所选择的颜色将变为工具箱中的前景色或背景色。

▶ 使用颜色库按钮选择颜色：在"拾色器"对话框中单击"颜色库"按钮 颜色库 ，弹出"颜色库"对话框，如图 1-51 所示。在"颜色库"对话框中，"色库"选项的下拉列表中是一些常用的印刷颜色体系，如图 1-52 所示，其中"TRUMATCH"是为印刷设计提供服务的印刷颜色体系。

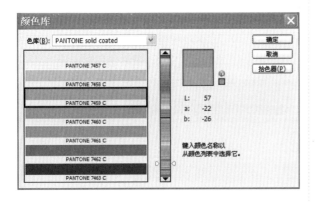

图 1-51

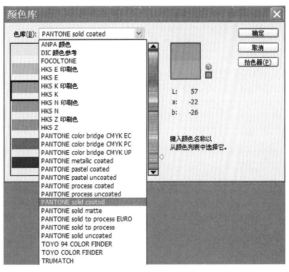

图 1-52

在颜色色相区域内单击或拖曳两侧的三角形滑块，可以使颜色的色相产生变化，在颜色选择区中选择带有编码的颜色，在对话框的右侧上方颜色框中会显示所选择的颜色，右侧下方是所选择颜色的 CMYK 值。

选择好颜色后，单击"拾色器"按钮，返回到"拾色器"对话框。

▶ 通过输入数值选择颜色：在"拾色器"对话框中，右侧下方的 HSB、RGB、Lab、CMYK 色彩模式后面，都有可以输入数值的数值框，在其中输入所需颜色的数值也可以得到希望的颜色。

选中对话框左下方的"只有 Web 颜色"复选框，颜色选择区中将出现供网页使用的颜色，如图 1-53 所示，在右侧的 # cc6666 中，显示的是网页颜色的数值。

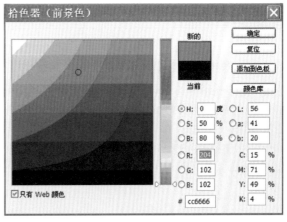

图 1-53

13

1.8.2 使用吸管工具设置颜色

可以使用吸管工具吸取图像中的颜色来确定要设置的颜色。下面讲解具体的设置方法。

1. 吸管工具

"吸管"工具 可以在图像或"颜色"控制面板中吸取颜色,并可在"信息"控制面板中观察像素点的色彩信息。选择"吸管"工具,属性栏将显示如图1-54所示的状态。在吸管工具属性栏中,"取样大小"选项用于设定取样点的大小。

图 1-54

启用"吸管"工具,有以下几种方法。

▶ 左键长按吸管工具,显示下拉菜单后,选择"颜色取样器"工具 。

▶ 按 I 键或反复按 Shift＋I 组合键。

打开一幅图像,启用"吸管"工具 ,在图像中需要的位置单击鼠标左键,前景色将变为吸管吸取的颜色,在"信息"控制面板中可以观察到吸取颜色的色彩信息,如图 1-55 所示。

图 1-55

2. 颜色取样器工具

"颜色取样器"工具 可以在图像中对需要的色彩进行取样,最多可以对 4 个颜色点进行取样,取样的结果会出现在"信息"控制面板中,使用"颜色取样器"工具 可以获得更多的色彩信息。选择"颜色取样器"工具 ,属性栏将显示如图 1-56 所示的状态。

图 1-56

启用"颜色取样器"工具 ,有以下几种方法。

▶ 左键长按吸管工具,显示下拉菜单后,选择"颜色取样器"工具 。

▶ 反复按 Shift＋I 组合键。

启用"颜色取样器"工具 ,打开一幅图像,在图像中需要的位置单击鼠标左键 4 次,在"信息"控制面板中将记录下 4 次取样的色彩信息,如图 1-57 所示。将颜色取样器形状的鼠标指针放在取样点中,指针变成移动图标,按住鼠标左键不放,拖动鼠标可以将取样点移动到适当的位置,移动后"信息"控制面板中的记录会改变,如图 1-58 所示。

图 1-57

图 1-58

技巧：

单击颜色取样器属性栏中的"清除"按钮,或按住 Alt 键的同时单击取样点,都可以删除取样点。

1.8.3 使用颜色控制面板设置颜色

"颜色"控制面板可以用来改变前景色和背景色。选择"窗口 → 颜色"命令,系统将弹出"颜色"控制面板,如图1-59所示。

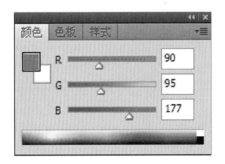

图 1-59

在控制面板中,可先单击左侧的前景色或背景色按钮以确定所调整的是前景色还是背景色,然后拖曳三角滑块或在颜色栏中选择所需的颜色,或直接在颜色的数值框中输入数值调整颜色。

单击控制面板右上方的图标 ☰,系统将弹出"颜色"控制面板的下拉命令菜单,此菜单用于设定控制面板中显示的颜色模式,可以在不同的颜色模式中调整颜色。

1.8.4 使用色板控制面板设置颜色

"色板"控制面板可以用来选取一种颜色以改变前景色或背景色。选择"窗口 → 色板"命令,系统将弹出"色板"控制面板,如图1-60所示。

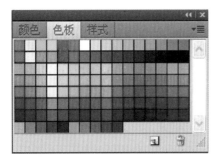

图 1-60

此外,单击控制面板右上方的图标 ☰,系统将弹出"色板"控制面板的下拉命令菜单,如图1-61所示。

"新建色板"命令用于新建一个色板;"小缩览图"命令可使控制面板显示为小图标方式;"小列表"命令可使控制面板显示为小列表方式;"预设管理器"命令用于对色板中的颜色进行管理;"复位色板"命令用于

恢复系统的初始设置状态;"载入色板"命令用于向"色板"控制面板中增加色板文件;"存储色板"命令用于保存当前"色板"控制面板中的色板文件;"替换色板"命令用于替换"色板"控制面板中现有的色板文件;"ANPA 颜色"以下都是配置的颜色库。

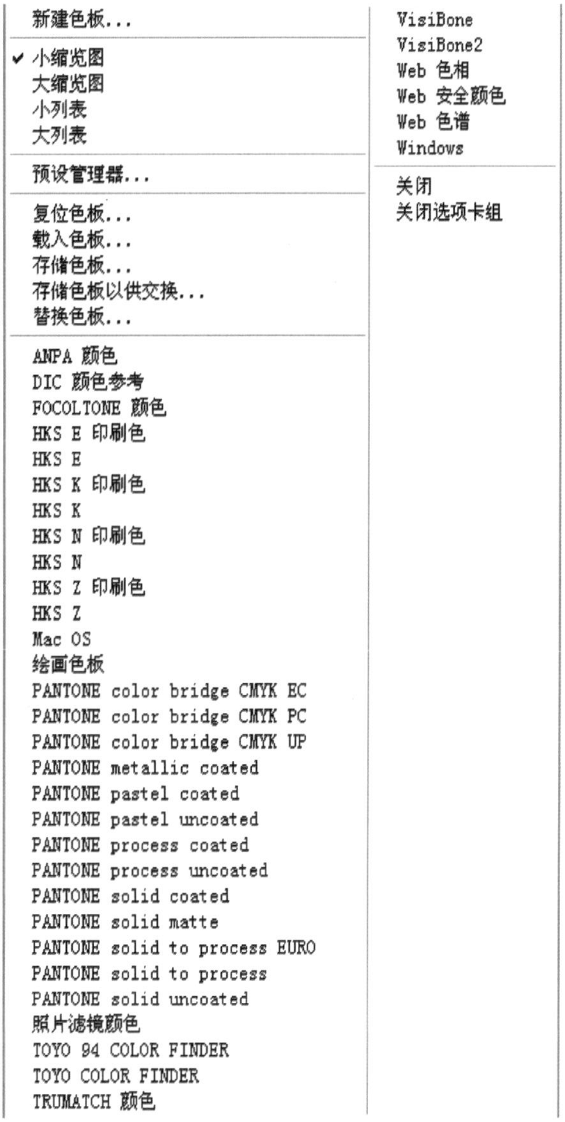

新建色板...
✓ 小缩览图
　 大缩览图
　 小列表
　 大列表

预设管理器...

复位色板...
载入色板...
存储色板...
存储色板以供交换...
替换色板...

ANPA 颜色
DIC 颜色参考
FOCOLTONE 颜色
HKS E 印刷色
HKS E
HKS K 印刷色
HKS K
HKS N 印刷色
HKS N
HKS Z 印刷色
HKS Z
Mac OS
绘画色板
PANTONE color bridge CMYK EC
PANTONE color bridge CMYK PC
PANTONE color bridge CMYK UP
PANTONE metallic coated
PANTONE pastel coated
PANTONE pastel uncoated
PANTONE process coated
PANTONE process uncoated
PANTONE solid coated
PANTONE solid matte
PANTONE solid to process EURO
PANTONE solid to process
PANTONE solid uncoated
照片滤镜颜色
TOYO 94 COLOR FINDER
TOYO COLOR FINDER
TRUMATCH 颜色

VisiBone
VisiBone2
Web 色相
Web 安全颜色
Web 色谱
Windows

关闭
关闭选项卡组

图 1-61

在"色板"控制面板中,如果将鼠标指针移到空白颜色处,指针会变为油漆桶图标,此时单击鼠标,系统将弹出"色板名称"对话框,单击"确定"按钮,就可将前景色添加到"色板"控制面板中了,如图1-62所示。

在"色板"控制面板中,如果将鼠标指针移到颜色处,指针会变为吸管图标,此时单击鼠标,将设置吸取的颜色为前景色,如图1-63所示。

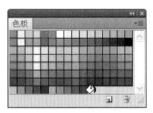  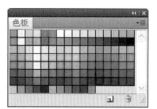

图 1-62

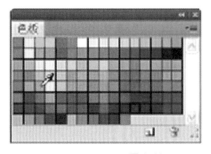 

图 1-63

技巧：

在"色板"控制面板中，如果按住 Alt 键并将鼠标指针移到颜色处，指针会变为剪刀图标，此时单击鼠标，将删除该颜色。

1.9 了解图层的含义

在 Photoshop CS5 中，图层有着非常重要的作用，要对图像进行编辑就不能离开图层。

选择"文件 → 打开"命令，弹出"打开"对话框，选择需要的文件，如图 1-64 所示，单击"打开"按钮，将图像文件在 Photoshop CS5 中打开，效果如图 1-65 所示。

想看到背景层上的图像，用鼠标左键依次在其他层的眼睛图标 👁 上单击，其他层将被隐藏，如图 1-66 所示，图像窗口中只显示背景层中的图像效果，如图 1-67 所示。

图 1-64

图 1-65

在"图层"控制面板中，上面图层中的图像会覆盖在下面图层中的图像上面，这些图层重叠在一起并显示在图像视窗中，就会形成一幅完整的图像。Photoshop CS5 中的图层最底部是背景层，往上都是透明层，在每一层中可以放置不同的图像，上面的图层将影响下面的图层，修改其中某一图层不会改动

打开文件后，在"图层"控制面板中已经有了多个图层，在每个图层上都有一个小的缩略图像。如果只

其他图层。

图 1-66

图 1-67

1.9.1 认识图层控制面板

"图层"控制面板用来编辑图层,制作特殊的效果。打开一幅图像,选择"窗口 → 图层"命令,或按 F7 键,系统将弹出"图层"控制面板,如图 1-68 所示。

图 1-68

在"图层"控制面板上方的两个系统按钮 分别是"折叠为图标" 按钮和"关闭"按钮。单击"折叠为图标"按钮可以显示和隐藏"图层"控制面板,单击"关闭"按钮可以关闭"图层"控制面板。

在控制面板中,第一个选项 正常 用于设定图层的混合模式,它包含有 27 种图层混合模式。

"不透明度"选项用于设定图层的不透明度;"填充"选项用于设定图层的填充百分比;眼睛图标 用于打开或关闭图层中的内容;"链接图层"按钮 表示图层与图层之间的链接关系;图标 T 表示这一层为可编辑的文字层;图标 为图层效果图标。

在"图层"控制面板的上方有 4 个工具图标 锁定: ,从左至右依次是:"锁定透明像素"按钮、"锁定图像像素"按钮、"锁定位置"按钮和"锁定全部"按钮。

"锁定透明像素"按钮 用于锁定当前图层的透明区域,使透明区域不能被编辑;"锁定图像像素"按钮 可使当前图层和透明区域不能被编辑;"锁定位置"按钮 可使当前图层不能被移动;"锁定全部"按钮 可使当前图层或序列完全被锁定。

在"图层"控制面板的最下方有 7 个工具按钮图标 。

从左至右依次是:"链接图层"按钮、"添加图层样式" 按钮、"添加图层蒙版"按钮、"创建新的填充或调整图层"按钮、"创建新组"按钮、"创建新图层"按钮和"删除图层"按钮。

"链接图层"按钮 能使所选图层和当前图层成为一组,当对一个链接图层进行操作时,将影响一组链接图层;"添加图层样式"按钮 能为当前图层增加图层样式风格效果;"添加图层蒙版"按钮 可在当前层上创建一个蒙版。在图层蒙版中,黑色的代表隐

17

藏图像,白色的代表显示图像。可以使用画笔等绘图工具对蒙版进行绘制,而且可以将蒙版转换成选择区域;"创建新的填充或调整图层"按钮 可对图层进行颜色填充和效果调整;"创建新组"按钮 用于新建一个文件夹,可放入图层;"创建新图层"按钮 用于在当前层的上方创建一个新层。当使用鼠标单击该按钮时,系统将创建一个新层;"删除图层"按钮 即垃圾桶,可以将不想要的图层拖曳到此处删除掉。

1.9.2 认识图层菜单

图层菜单用于对图层进行不同的操作。选择"图层"控制面板右上方的图标 ,系统将弹出"图层"菜单,如图 1-69 所示。

新建图层...	Shift+Ctrl+N
复制图层(D)...	
删除图层	
删除隐藏图层	
新建组(G)...	
从图层新建组(A)...	
锁定组内的所有图层(L)...	
转换为智能对象(M)	
编辑内容	
图层属性(P)...	
混合选项...	
编辑调整...	
创建剪贴蒙版(C)	Alt+Ctrl+G
链接图层(K)	
选择链接图层(S)	
向下合并(E)	Ctrl+E
合并可见图层(V)	Shift+Ctrl+E
拼合图像(F)	
动画选项	▶
面板选项...	
关闭	
关闭选项卡组	

图 1-69

可以使用各种命令对图层进行操作,当选择不同的图层时,"图层"菜单的状态也可能不同,对图层不起作用的命令和菜单会显示为灰色。

1.9.3 新建图层

新建图层,有以下几种方法。

▶ 使用"图层"控制面板弹出式菜单。

单击"图层"控制面板右上方的图标 ,在弹出式菜单中选择"新建图层"命令,系统将弹出"新建图层"对话框,如图 1-70 所示。

"名称"选项用于设定新图层的名称,可以选择与前一图层编组;"颜色"选项可以设定新图层的颜色;

"模式"选项用于设定当前层的合成模式;"不透明度"选项用于设定当前层的不透明度值。

▶ 使用"图层"控制面板按钮或快捷键。

单击"图层"控制面板中的"创建新图层"按钮 ,可以创建一个新图层。

按住 Alt 键,单击"图层"控制面板中的"创建新图层"按钮 ,系统将弹出"新建图层" 对话框,如图 1-70 所示。

▶ 使用菜单"图层"命令或快捷键。

选择"图层 → 新建 → 图层"命令,系统将弹出"新建图层"对话框,如图 1-70 所示。按 Shift+Ctrl+N 组合键,系统将弹出"新建图层"对话框,如图 1-70 所示。

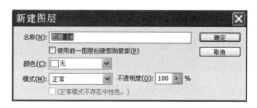

图 1-70

1.9.4 复制图层

复制图层,有以下几种方法。

▶ 使用"图层"控制面板弹出式菜单。

单击"图层"控制面板右上方的图标 ,在弹出式菜单中选择"复制图层"命令,系统将弹出"复制图层"对话框,如图 1-71 所示。

"为"选项用于设定复制层的名称;"文档"选项用于设定复制层的文件来源。

▶ 使用"图层"控制面板按钮。

将"图层"控制面板中需要复制的图层拖曳到下方的"创建新图层"按钮 上,可以将所选的图层复制为一个新图层。

▶ 使用"图层"菜单命令。

选择"图层 → 复制图层"命令,系统将弹出"复制图层"对话框,如图 1-71 所示。

图 1-71

▶ 使用鼠标拖曳的方法复制不同图像之间的图层。

打开目标图像和需要复制的图像。将需要复制图像的图层拖曳到目标图像的图层中,图层复制完成。

1.9.5 删除图层

删除图层,有以下几种方法。

▶ 使用"图层"控制面板弹出式菜单。

单击图层控制面板右上方的图标█,在弹出式菜单中选择"删除图层"命令,系统将弹出"删除图层"对话框,如图 1-72 所示。

图 1-72

▶ 使用"图层"控制面板按钮。

单击"图层"控制面板中的"删除图层"按钮█,系统将弹出"删除图层"对话框,如图 1-72 所示,单击"是"按钮,删除图层。或将需要删除的图层直接拖曳到"删除图层"按钮█上,可以删除该图层。

▶ 使用"图层"菜单命令。

选择"图层 → 删除 → 图层"命令,系统将弹出"删除图层"对话框,如图 1-72 所示。

选择"图层 → 删除 → 链接图层"或"隐藏图层"菜单命令,系统将弹出"删除链接图层"或"删除隐藏图层"对话框,单击"是"按钮,可以将链接或隐藏的图层删除。

1.9.6 图层的属性

图层属性命令用于设置图层的名称以及颜色。单击"图层"控制面板右上方的图标█,在弹出式菜单中选择"图层属性"命令,系统将弹出"图层属性"对话框,如图 1-73 所示。

图 1-73

"名称"选项用于设定图层的名称;"颜色"选项用于设定图层的显示颜色。

1.10 恢复操作的应用

在绘制和编辑图像的过程中,用户经常会错误地执行一个步骤或对制作的一系列效果不满意。当希望恢复到前一步或原来的图像效果时,就要用到恢复操作命令。

1.10.1 恢复到上一步的操作

在编辑图像的过程中可以随时将操作返回到上一步,也可以还原图像到恢复前的效果。启用"还原"命令,有以下几种方法。

▶ 选择"编辑 → 还原"命令。

▶ 按 Ctrl+Z 组合键。

按 Ctrl+Z 组合键,可以恢复到图像的上一步操作。如果想还原图像到恢复前的效果,再次按 Ctrl+Z 组合键即可。

1.10.2 中断操作

当 Photoshop CS5 正在进行图像处理时,可以按 Esc 键,中断正在进行的操作。

1.10.3 恢复到操作过程的任意步骤

在绘制和编辑图像的过程中,有时需要将操作恢复到某一个阶段。

1. 使用"历史记录"控制面板进行恢复

"历史记录"控制面板可以将进行过多次处理操作的图像恢复到任一步操作前的状态,即所谓的"多次恢复功能"。其系统默认值为恢复 20 次及 20 次以内的所有操作,但如果计算机的内存足够大的话,还可以将此值设置得更大一些。选择"窗口 → 历史记录"命令,系统将弹出"历史记录"控制面板,如图 1-74 所示。

图 1-74

在图 1-74 的控制面板中,1 为源图像,2 为设置快照画笔,3 为当前历史记录步骤,4 为操作过程的历史记录。

在控制面板下方的按钮由左至右依次为"从当前状态创建新文档"按钮■、"创建新快照"按钮■和"删除当前状态"按钮■。此外,单击控制面板右上方的图标■,系统将弹出"历史记录"控制面板的下拉命令菜单,如图 1-75 所示。

前进一步	Shift+Ctrl+Z
后退一步	Alt+Ctrl+Z
新建快照…	
删除	
清除历史记录	
新建文档	
历史记录选项…	
关闭	
关闭选项卡组	

图 1-75

应用快照可以在"历史记录"控制面板中恢复被清除的历史记录。

在"历史记录"控制面板中单击记录过程中的任意一个操作步骤,图像就会恢复到该画面的效果。选择"历史记录"控制面板下拉菜单中的"前进一步"命令或按 Ctrl+Shift+Z 组合键,可以向下移动一个操作步骤,选择"后退一步"命令或按 Ctrl+Alt+Z 组合键,可以向上移动一个操作步骤。

在"历史记录"控制面板中选择"创建新快照"按钮■,可以将当前的图像保存为新快照,新快照可以在"历史记录"控制面板中的历史记录被清除后对图像进行恢复。在"历史记录"控制面板中选择"从当前状态创建新文档"按钮■,可以为当前状态的图像或快照复制一个新的图像文件。在"历史记录"控制面板中选择"删除当前状态"按钮■,可以对当前状态的图像或快照进行删除。

在"历史记录"控制面板的默认状态下,当选择中间的操作步骤后进行图像的新操作,那么中间操作步骤后的所有记录步骤都会被删除。

2. 使用历史记录画笔工具进行恢复

选中工具箱中的"历史记录画笔"工具[■],属性栏将显示如图 1-76 所示的状态。在历史记录画笔工具属性栏中,"画笔"选项用于选择画笔;"模式"选项用于选择混合模式;"不透明度"选项用于设定不透明度;"流量"选项用于设定扩散的速度。

图 1-76

打开一张图片并在"历史记录"控制面板的画面

中设置历史记录画笔,如图 1-77 所示。设置完成后,继续操作,如图 1-78 所示。

图 1-77

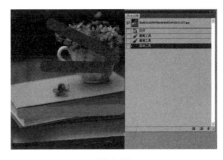

图 1-78

如果想要恢复到设置历史记录画笔时的图像效果,选择"历史记录画笔"工具,在图像中拖曳鼠标,即可擦除图像,如图 1-79 所示。这样可以恢复图像到设置历史记录画笔时的画面状态,如图 1-80 所示。

图 1-79

图 1-80

1.11 上机练习

练习1 创建新的图像文件

创建一个名为"练习1",宽为 1024 个像素,高为768 像素,背景透明的图像文件。

【操作步骤提示】

(1) 选择"文件"→"新建"命令打开"新建"对话框。

(2) 在"名称"文本框中输入文件名。将宽度和高度单位改为"像素",同时在"宽度""高度"文本框中输入文件宽度和高度值。

(3) 在"背景内容"下拉列表中选择"透明"选项

(4) 完成设置后单击"确定"按钮创建文件。

练习2 更改图像文件的大小

如图 1-81 所示,素材图片尺寸较大,应运用所学知识将图片大小更改为 800×500 像素。

【操作步骤提示】

(1) 启动 Photoshop CS5 打开素材图片。

图 1-81

(2) 选择"图像"→"图像大小"命令打开"图像大小"对话框。在对话框中取消"约束比例"复选框的勾选。

(3) 将"像素大小"栏中更改宽度和高度单位为像素,在"宽度"和"高度"文本框中输入数值。

(4) 单击"确定"按钮关闭对话框完成图片大小的修改。

第二章

图像处理基础知识

本章将详细讲解使用 Photoshop CS5 处理图像时，需要掌握的一些基本知识。读者要重点掌握图像文件的模式、格式等知识。

 学习任务

- 像素的概念
- 位图和矢量图
- 分辨率

- 图像的色彩模式
- 将 **RGB** 颜色转成 **CMYK** 颜色的最佳时机
- 常用的图像文件格式

2.1 像素的概念

在 Photoshop CS5 中,像素是图像的基本单位。图像是由许多个小方块组成的,每一个小方块就是一个像素,每一个像素只显示一种颜色。它们都有自己明确的位置和色彩数值,即这些小方块的颜色和位置就决定该图像所呈现的样子。文件包含的像素越多,文件容量就越大,图像品质就越好,如图 2-1 所示,反之,文件包含的像素越少,文件容量就越小,图像品质就越差,如图 2-2 所示。

图 2-1

图 2-2

2.2 位图和矢量图

图像文件可以分为两大类:位图图像和矢量图图像。在绘图或处理图像过程中,这两种类型的图像可以相互交叉使用。

2.2.1 位图

位图是由许多不同颜色的小方块组成的,每一个小方块称为像素,每一个像素有一个明确的颜色。

由于位图采取了点阵的方式,使每个像素都能够记录图像的色彩信息,因而可以精确地表现色彩丰富的图像,但图像的色彩越丰富,图像的像素就越多,文件也就越大,如图 2-3 所示,因此,处理位图图像时,对计算机硬盘和内存的要求也比较高。

位图图像与分辨率有关,如果以较大的倍数放大显示图像,或以过低的分辨率打印图像,图像就会出现锯齿状的边缘,并且会丢失细节,如图 2-4 所示。

图 2-4

2.2.2 矢量图

矢量图是以数学的矢量方式来记录图像内容的。矢量图像中的图形元素称为对象,每个对象都是独立的,具有各自的属性。矢量图是由各种线条、曲线或是文字组合而成,Illustrator、CorelDRAW 等绘图软件制作的图形都是矢量图。

矢量图图像与分辨率无关,可以将它缩放到任意大小,其清晰度不变,也不会出现锯齿状的边缘。在任何分辨率下显示或打印,都不会损失细节,如图 2-5 和图 2-6 所示。矢量图的文件所占的容量较少,但这种图像的缺点是不易制作色调丰富的图像,而且绘制出来的图形无法像位图那样精确地描绘各种绚丽的景象。

图 2-3

图 2-5

图 2-6

2.3　分辨率

分辨率是用于描述图像文件信息的术语。在 Photoshop CS5 中,图像上每单位长度所能显示的像素数目,称为图像的分辨率,其单位为像素/英寸或是像素/厘米。

2.3.1　图像分辨率

图像分辨率是图像中每单位长度所含有的像素数的多少。高分辨率的图像比相同尺寸的低分辨率的图像包含的像素多。图像中的像素点越小越密,越能表现出图像色调的细节变化,如图 2-7 和图 2-8 所示。

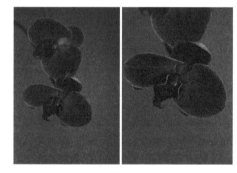
图 2-7

2.3.2　屏幕分辨率

屏幕分辨率是显示器上每单位长度显示的像素或点的数目。屏幕分辨率取决于显示器大小与其像素设置。PC 显示器的分辨率一般约为 96 dpi, Mac 显示器的分辨率一般约为 72 dpi。在 Photoshop CS5 中,图像像素被直接转换成显示器像素,当图像分辨率高于显示器分辨率时,屏幕中显示出的图像比实际尺寸大。

2.3.3　输出分辨率

输出分辨率是照排机或激光打印机等输出设备产生的每英寸的油墨点数(dpi)。为获得好的效果,使用的图像分辨率应与打印机分辨率成正比。

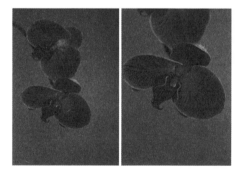
图 2-8

2.4　图像的色彩模式

Photoshop CS5 提供了多种色彩模式,这些色彩模式正是作品能够在屏幕和印刷品上成功表现的重要保障。在这些色彩模式中,经常使用到的有 CMYK 模式、RGB 模式、Lab 模式以及 HSB 模式。另外,还有索引模式、灰度模式、位图模式、双色调模式、多通道模式等。这些模式都可以在模式菜单下选取,每种色彩模式都有不同的色域,并且各个模式之间可以互相转换。下面将围绕常用的色彩模式进行介绍。

2.4.1 CMYK 模式

CMYK 代表了印刷上用的 4 种油墨色:C 代表青色,M 代表洋红色,Y 代表黄色,K 代表黑色。CMYK 颜色控制面板如图 2-9 所示。

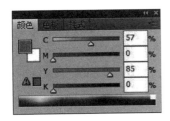

图 2-9

CMYK 模式在印刷时应用了色彩学中的减法混合原理,即减色色彩模式。它是图片、插图和其他 Photoshop CS5 作品中最常用的一种印刷方式。这是因为在印刷中通常都要进行四色分色,出四色胶片,然后再进行印刷。

2.4.2 RGB 模式

与 CMYK 模式不同的是,RGB 模式是一种加色模式,它通过红、绿、蓝 3 种色光相叠加而形成更多的颜色。RGB 是色光的彩色模式,一幅 24 bit 的 RGB 模式图像有 3 个色彩信息的通道:红色(R)、绿色(G)和蓝色(B)。RGB 颜色控制面板如图 2-10 所示。

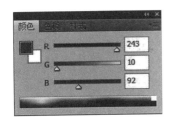

图 2-10

每个通道都有 8 bit 的色彩信息、一个 0～255 的亮度值色域。也就是说,每一种色彩都有 256 个亮度水平级。3 种色彩相叠加,可以有 256×256×256＝1670 万种可能的颜色。这 1670 万种颜色足以表现出绚丽多彩的世界。在 Photoshop CS5 中编辑图像时,RGB 色彩模式应是最佳的选择。

2.4.3 Lab 模式

Lab 是 Photoshop CS5 中的一种国际色彩标准模式,它由 3 个通道组成:一个通道是透明度,即 L;其他两个是色彩通道,即色相和饱和度,用 a 和 b 表示。a 通道包括的颜色值从深绿到灰,再到亮粉红色;b 通道

是从亮蓝色到灰,再到焦黄色。这种颜色混合后将产生明亮的色彩。

2.4.4 HSB 模式

HSB 模式只有在颜色吸取窗口中才会出现。H 代表色相,S 代表饱和度,B 代表亮度。色相的意思是纯色,即组成可见光谱的单色。红色为 0 度,绿色为 120 度,蓝色为 240 度。饱和度代表色彩的纯度,饱和度为零时即为灰色,黑、白、灰 3 种色彩没有饱和度。亮度是色彩的明亮程度,最大亮度是色彩最鲜明的状态,黑色的亮度为 0。

2.4.5 索引颜色模式

在索引颜色模式下,最多只能存储一个 8 位色彩深度的文件,即最多 256 种颜色。这 256 种颜色存储在可以查看的色彩对照表中,当你打开图像文件时,色彩对照表也一同被读入 Photoshop CS5 中,Photoshop CS5 在色彩对照表中找出最终的色彩值。

2.4.6 灰度模式

灰度模式,每个像素用 8 个二进制位表示,能产生 2 的 8 次方即 256 级灰色调。当一个彩色文件被转换为灰度模式文件时,所有的颜色信息都将从文件中丢失。尽管 Photoshop CS5 允许将一个灰度文件转换为彩色模式文件,但不可能将原来的颜色完全还原。所以,当要转换为灰度模式时,应先做好图像的备份。

像黑白照片一样,一个灰度模式的图像只有明暗值,没有色相和饱和度这两种颜色信息。0%代表白,100%代表黑。其中的 K 值用于衡量黑色油墨用量。将彩色模式转换为双色调模式或位图模式时,必须先转换为灰度模式,然后由灰度模式转换为双色调模式或位图模式。

2.4.7 位图模式

位图模式为黑白位图模式。黑白位图模式是由黑白两种像素组成的图像,它通过组合不同大小的点,产生一定的灰度级阴影。使用位图模式可以更好地设定网点的大小、形状和角度,更完善地控制灰度图像的打印。

2.4.8 双色调模式

双色调模式是用一种灰色油墨或彩色油墨来渲染一个灰度图像的模式。在这种模式中,最多可以向灰度图像中添加 4 种颜色。这样,就可以打印出比单纯灰度图像更有趣的图像。

2.4.9 多通道模式

多通道模式是由其他色彩模式转换而来的，不同的色彩模式转换后将产生不同的通道数。如 RGB 模式转换成多通道模式时，将产生红、绿、蓝 3 个通道。

2.5 将 RGB 颜色转成 CMYK 颜色的最佳时机

如果已经用 Photoshop CS5 完成了作品，并要拿去印刷，这时必须将作品模式转换成 CMYK 模式来分色（若不转换，除非是使用少数无法将 CMYK 档案印出的彩色发片机的情况）。

在制作过程中，将作品模式转成 CMYK 模式可以在如下几个不同的阶段来完成。

▶ 在新建文件时选择 CMYK 四色印刷模式：可以在建立一个新的 Photoshop CS5 图像文件时就选择 CMYK 四色印刷模式，如图 2-11 所示。

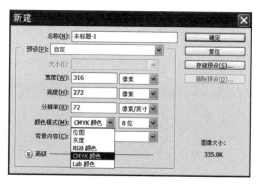

图 2-11

▶ 让发片部门分色：可以在制作过程中一直使用 RGB 三原色模式，并把它置入排版软件中，让发片部门按照版面编排或分色的公用程序来分色。

▶ 在制作过程中选择 CMYK 四色印刷模式：可以在制作过程中，随时从"图像"菜单下的"模式"子菜单中选取"CMYK 颜色"四色印刷模式。但是一定要注意，在作品转换模式后，就无法再从模式菜单中选 RGB 模式变回原来作品的 RGB 色彩了。因为 RGB 的色彩模式在转换成 CMYK 色彩模式时，色域外的颜色会变暗，这样才会使整个色彩成为可以印刷的文件。因此，在将 RGB 模式转换成 CMYK 模式之前，可以在"视窗"菜单下的"校样设置"子菜单中选择"工作中的 CMYK"命令，预览一下转换成 CMYK 色彩模式后的效果，如果不满意 CMYK 色彩模式效果，图像还可以进行调整。

那么，将 RGB 模式文件转换成 CMYK 模式文件的最佳时机是何时呢？下面，将说明不同转换时机的优缺点，供读者参考。

在建立新的 Photoshop CS5 文件时，选择 CMYK 四色印刷模式。这种方式的优点是防止最后的颜色失真，因为在整个作品的制作过程中，所制作的图像都在可印刷的色域中。

在 RGB 模式下制作作品，直到完成。之后再利用其他手段，如在自定色阶、Photoshop CS5 的色相、饱和度或曲线下做调整，使 CMYK 模式的转换与 RGB 模式下的色彩尽可能接近。同时，在制作过程中，还应注意 CMYK 的预览视图和四色异常警告。这种在输出之前再做 CMYK 模式转换的方式，其优点是有很大的自由去选用各种颜色。

也可以让输出中心应用分色公用程序，将 RGB 模式的作品较完善地转换成 CMYK 模式。这会省去用户很多的时间。但是有时也可能出现问题，如没有看到输出中心的打样，或觉得发片人员不会注意样稿。结果可能造成作品印刷后和样稿相差较多。

2.6 常用的图像文件格式

用 Photoshop CS5 制作或处理好一幅图像后，就要进行保存。这时，选择一种合适的文件格式就显得十分重要。Photoshop CS5 中有多种文件格式可供选择。在这些文件格式中，既有 Photoshop CS5 的专用格式，也有用于应用程序交换的文件格式，还有一些比较特殊的格式。

2.6.1 PSD 格式和 PDD 格式

PSD 格式和 PDD 格式是 Photoshop CS5 软件自身的专用文件格式，能够支持从线图到 CMYK 的所有图像类型，但由于在一些图形程序中没有得到很好的支持，所以其通用性不强。PSD 格式和 PDD 格式能够保存图像数据的细节部分，如图层、附加的遮膜通道等 Photoshop CS5 对图像进行特殊处理的信息。在没有最终决定图像存储的格式前，最好先以这两种格式存储。另外，Photoshop CS5 打开和保存这两种格式的文件较其他格式更快。但是这两种格式也有缺点,就是它们所存储的图像文件特别大,占用磁盘空间较多。

2.6.2 TIF 格式(TIFF)

TIF 是标签图像格式。TIF 格式对于色彩通道图像来说是最有用的格式,具有很强的可移植性,它可以用于 PC 机、Macintosh 以及 UNIX 工作站三大平台,是这三大平台上使用最广泛的绘图格式。保存时可在如图 2-12 所示的对话框中进行选择。

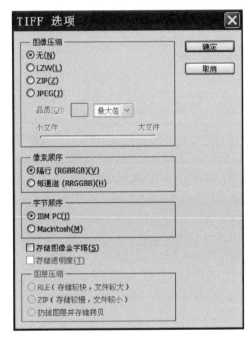

图 2-12

用 TIF 格式存储时应考虑文件的大小,因为TIF 格式的结构要比其他格式更大更复杂。但 TIF格式支持 24 个通道,能存储多于 4 个通道的文件格式。TIF 格式还允许使用 Photoshop CS5 中的复杂工具和滤镜特效。TIF 格式非常适合于印刷和输出。

2.6.3 TGA 格式

TGA 格式与 TIF 格式相同,都可用来处理高质量的色彩通道图像。TGA 格式存储选择对话框如图2-13 所示。TGA 格式支持 32 位图像,它吸收了广播电视标准的优点,包括 8 位 Alpha 通道。另外,这种格式使 Photoshop CS5 软件和 UNIX 工作站相互交换图像文件成为可能。

图 2-13

> **提示:**
>
> TGA、TIF、PSD 和 PDD 格式是存储包含通道信息的 RGB 图像最常用的文件格式。

2.6.4 BMP 格式

BMP 是 Windows Bitmap 的缩写。它可以用于绝大多数 Windows 下的应用程序。BMP 格式存储选择对话框如图 2-14 所示。

图 2-14

BMP 格式使用索引色彩,它的图像具有极其丰富的色彩,并可以使用 16MB 色彩渲染图像。BMP 格式能够存储黑白图、灰度图和 16MB 色彩的 RGB 图像等。此格式一般在多媒体演示、视频输出等情况下使用,但不能在 Macintosh 程序中使用。在存储 BMP 格式的图像文件时,还可以进行无损失压缩,能节省磁盘空间。

2.6.5 GIF 格式

GIF 文件比较小,它是一种压缩的 8 位图像文件。正因为这样,一般用这种格式的文件来缩短图形的加载时间。如果在网络中传送图像文件,GIF 格式的图像文件要比其他格式的图像文件快得多。

2.6.6 JPEG 格式

JPEG 格式既是 Photoshop CS5 支持的一种文件格式,也是一种压缩方案。它是 Macintosh 上常用的一种存储类型。JPEG 格式是压缩格式中的"佼佼者",与 TIF 文件格式采用的 LIW 无损失压缩相比,它的压缩比例更大,但它使用的有损失压缩会丢失部分数据。用户可以在存储前选择图像的最后质量,这样就能控制数据的损失程度。JPEG 格式存储选择对话框如图 2-15 所示。

图 2-15

在图 2-15 所示的对话框中,单击"品质"选项的下拉列表按钮,可以选择从低、中、高到最高 4 种图像压缩品质。以高质量保存图像比其他质量的保存形式占用更大的磁盘空间;而选择低质量保存图像则会损失较多的数据,但占用的磁盘空间较少。

2.6.7 EPS 格式

EPS 格式是 Illustrator 和 Photoshop CS5 之间可交换的文件格式。Illustrator 软件制作出来的流动曲线、简单图形和专业图像一般都存储为 EPS 文件格式。Photoshop CS5 可以获取这种格式的文件。在 Photoshop CS5 中,也可以把其他图形文件存储为 EPS 格式,供给如排版类的 PageMaker 和绘图类的 Illustrator 等其他软件使用。EPS 格式存储选择对话框如图 2-16 所示。

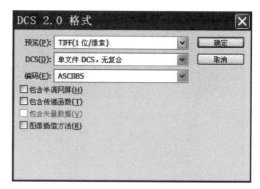

图 2-16

2.6.8 选择合适的图像文件存储格式

可以根据工作任务的需要对图像文件进行保存,下面就根据图像的不同用途介绍一下它们应该存储的格式。用于印刷:TIFF、EPS;用于出版物:PDF;用于 Internet 图像:GIF、JPEG、PNG;用于 Photoshop CS5 工作:PSD、PDD、TIFF。

第三章

绘制和编辑选区

本章将详细讲解 Photoshop CS5 的绘制和编辑选区功能。对各种选择工具的使用方法和使用技巧进行更细致的说明。读者通过学习要能够熟练应用 Photoshop CS5 的选择工具绘制需要的选区,并能应用好选区的操作技巧编辑选区。

学习任务

- 选择工具的使用
- 选区的操作技巧

- 课堂案例——光晕的效果
- 上机练习

3.1 选择工具的使用

要想对图像进行编辑,首先要进行选择图像的操作。能够快捷精确地选择图像,是提高处理图像效率的关键。

3.1.1 选框工具

选框工具可以在图像或图层中绘制规则的选区,选取规则的图像。下面将具体介绍选框工具的使用方法和操作技巧。

1. 矩形选框工具

矩形选框工具可以在图像或图层中绘制矩形选区。启用"矩形选框"工具 ,有以下几种方法。

▶ 单击工具箱中的"矩形选框"工具 。

▶ 按 M 键或反复按 Shift+M 组合键。

启用"矩形选框"工具 ,属性栏状态如图 3-1 所示。在"矩形选框"工具属性栏中, 为选择选区方式选项。新选区 选项用于去除旧选区,绘制新选区;添加到选区 选项用于在原有选区的基础上再增加新的选区;从选区减去 选项用于在原有选区的基础上减去新选区的部分;与选区交叉 选项用于选择新旧选区重叠的部分。

图 3-2

图 3-3

图 3-1

图 3-4

"羽化"选项用于设定选区边界的羽化程度。"消除锯齿"选项用于清除选区边缘的锯齿。"样式"选项用于选择类型:①"正常"选项为标准类型;②"固定比例"选项用于设定长宽比例来进行选择;③"固定大小"选项则可以通过固定尺寸进行选择。"宽度"和"高度"选项用来设定宽度和高度。

(1) 绘制矩形选区:启用"矩形选框"工具 ,在图像中适当的位置单击并按住鼠标左键,拖曳鼠标绘制出需要的选区,松开鼠标左键,矩形选区绘制完成,如图 3-2 所示。按住 Shift+Alt 键可以从中心点向四周画出正方形选区。

按住 Shift 键的同时,拖曳鼠标在图像中可以绘制出正方形的选区,如图 3-3 所示。

按住 Shift+Alt 键可以从中心点向四周画出正方形选区。

(2) 设置矩形选区的羽化值:羽化值为"0"的属性栏如图 3-4 所示,绘制出选区,按住 Alt + Backspace(或 Delete)组合键,用前景色填充选区,效果如图 3-5 所示。

图 3-5

设定羽化值为"10"后的属性栏如图 3-6 所示,绘制出选区,按住 Alt＋Backspace(或 Delete)组合键,用前景色填充选区,效果如图 3-7 所示。

图 3-6

图 3-7

(3) 设置矩形选区的比例:在"矩形选框"工具属性栏中,在"样式"选项的下拉列表中选择"固定比例",在"宽度"和"高度"中输入数值,如图 3-8 所示,单击"高度和宽度互换"按钮 ⇄,可以快捷地将宽度和高度比例的数值互换,绘制固定比例的选区和互换选区长宽比例后的选区效果,如图 3-9 所示。

图 3-8

图 3-9

(4) 设置固定尺寸的矩形选区:在矩形选框工具属性栏中,在"样式"选项的下拉列表中选择"固定大小",在"宽度"和"高度"中输入数值,如图 3-10 所示,单击"高度和宽度互换" ⇄,可以快捷地将宽度和高度的数值互换,绘制固定大小的选区和互换选区的宽高

后的效果如图 3-11 所示。

图 3-10

图 3-11

2. 椭圆选框工具

"椭圆选框"工具可以在图像或图层中绘制出圆形或椭圆形选区。启用"椭圆选框"工具 ◯,有以下几种方法。

▶ 左键长按工具箱中的选框工具,显示下拉菜单后,选择"椭圆选框"工具 ◯。

▶ 反复按 Shift＋M 组合键。

启用"椭圆选框"工具 ◯,"椭圆选框"工具属性栏将显示如图 3-12 所示的状态。

图 3-12

绘制椭圆选区:启用"椭圆选框"工具 ◯,在图像中适当的位置单击并按住鼠标左键,拖曳鼠标绘制出需要的选区,松开鼠标左键,椭圆选区绘制完成,如图 3-13 所示。

图 3-13

按住 Shift 键的同时,拖曳鼠标在图像中可以绘制出圆形的选区,如图 3-14 所示。

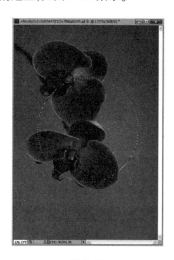

图 3-14

3. 单行选框工具

"单行选框"工具 ▭ 可以在图像或图层中绘制出 1 个像素高的横线区域,主要用于修复图像中丢失的像素线。"单行选框"工具 ▭ 的属性栏如图 3-15 所示,选区效果如图 3-16 所示。

图 3-15

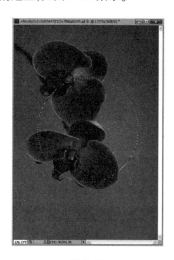

图 3-16

4. 单列选框工具

"单列选框"工具 ▯ 可以在图像或图层中绘制出 1 个像素宽的竖线区域,主要用于修复图像中丢失的像素线。"单列选框"工具 ▯ 的属性栏如图 3-17 所示,选区效果如图 3-18 所示。

图 3-17

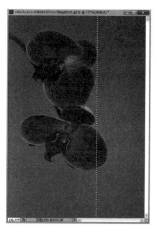

图 3-18

3.1.2 套索工具

套索工具可以在图像或图层中绘制不规则形状的选区,选取不规则形状的图像。下面将具体介绍套索工具的使用方法和操作技巧。

1. 套索工具

套索工具可以用来选取不规则形状的图像。启用"套索"工具 ◯ ,有以下几种方法。

▶ 单击工具箱中的"套索"工具 ◯ 。

▶ 反复按 Shift+L 组合键。

启用"套索"工具 ◯ ,属性栏将显示如图 3-19 所示的状态。在"套索"工具属性栏中,▭▭▭▭ 为选择方式选项。"羽化"选项用于设定选区边缘的羽化程度。"消除锯齿"选项用于清除选区边缘的锯齿。

图 3-19

绘制不规则选区:启用"套索"工具 ◯ ,在图像中适当的位置单击并按住鼠标左键,拖曳鼠标绘制出需要的选区,如图 3-20 所示,松开鼠标左键,选择区域会自动封闭,如图 3-21 所示。

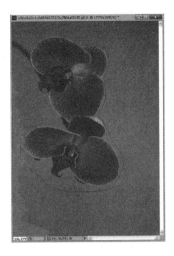

图 3-20

图 3-21

2. 多边形套索工具

"多边形套索"工具可以用来选取不规则的多边形图像。启用"多边形套索"工具 ，有以下几种方法。

▶ 左键长按工具箱中的套索工具，显示下拉菜单后，选择"多边形套索"工具 。

▶ 反复按 Shift＋L 组合键。

多边形套索工具属性栏中的选项内容与套索工具属性栏的选项内容相同。

绘制多边形选区：启用"多边形套索"工具 ，在图像中单击设置所选区域的起点，接着单击设置选择区域的其他点，如图 3-22 所示。将鼠标指针移回到起点，指针由多边形套索工具图标变为 图标，单击即可封闭选区，如图 3-23 所示。

图 3-22

图 3-23

提示：

在图像中使用套索工具绘制选区时，按 Enter 键，封闭选区；按 Esc 键，取消选区；按 Delete 键，删除上一个单击建立的选区点。

3. 磁性套索工具

磁性套索工具可以用来选取不规则的、并与背景反差大的图像。启用"磁性套索"工具 ，有以下几种方法。

▶ 左键长按工具箱中的套索工具，显示下拉菜单后，选择"磁性套索"工具 。

▶ 反复按 Shift＋L 组合键。

启用"磁性套索"工具 ，属性栏将显示如图 3-24 所示的状态。

图 3-24

33

在磁性套索工具属性栏中，█▣▣▣▣为选择方式选项。"羽化"选项用于设定选区边缘的羽化程度；"消除锯齿"选项用于清除选区边缘的锯齿；"宽度"选项用于设定套索检测范围，磁性套索工具将在这个范围内选取反差最大的边缘；"对比度"选项用于设定选取边缘的灵敏度，数值越大，则要求边缘与背景的反差越大；"频率"选项用于设定选取点的速率，数值越大，标记速率越快，标记点越多。"使用绘图板压力以更改钢笔宽度"按钮🖋️用于设定专用绘图板的笔刷压力。

根据图像形状绘制选区：启用"磁性套索"工具🖾，在图像中适当的位置单击并按住鼠标左键，根据选取图像的形状拖曳鼠标，选取图像的磁性轨迹会紧贴图像的内容，如图 3-25 所示，将鼠标指针移回到起点，单击即可封闭选区，如图 3-26 所示。

图 3-25

图 3-26

3.1.3 魔棒工具

魔棒工具可以用来选取图像中的某一点，并将与这一点颜色相同或相近的点自动融入选区中。启用

"魔棒"工具🪄，有以下几种方法。

▶ 单击工具箱中的"魔棒"工具🪄。

▶ 按 W 键。

启用"魔棒"工具🪄，属性栏将显示如图 3-27 所示的状态。

图 3-27

在魔棒工具属性栏中，█▣▣▣▣为选择方式选项。"容差"选项用于控制色彩的范围，数值越大，可容许的色彩范围越大；"消除锯齿"选项用于清除选区边缘的锯齿；"连续"选项用于选择单独的色彩范围；"对所有图层取样"选项用于将所有可见层中颜色容许范围内的色彩加入选区。

使用魔棒工具绘制选区：启用"魔棒"工具🪄，在图像中单击需要选择的颜色区域，即可得到需要的选区。调整属性栏中的容差值，再次单击需要选择的颜色区域，不同容差值的选区效果 如图 3-28 和图 3-29 所示。

图 3-28

图 3-29

3.2 选区的操作技巧

如果想在 Photoshop CS5 中灵活自如地编辑和处理图像,就必须掌握好选区的操作技巧。

3.2.1 移动选区

当使用选区工具选择图像的区域后,在属性栏中的"新选区"按钮 ■ 状态下,将鼠标指针放在选区中,指针就会显示成"移动选区"的图标 。

移动选区,有以下几种方法。

▶ 使用鼠标移动选区:打开一幅图像,选择"矩形选框"工具 ,绘制出选区,并将光标放置到选区中,指针变成"移动选区"的图标 后,按住鼠标左键拖曳,鼠标指针变为 图标,将选区拖曳到适当的位置后,松开鼠标左键,即可完成选区的移动。

▶ 使用键盘移动选区:当使用矩形或椭圆选框工具绘制出选区后,不要松开鼠标左键,同时按住 Spacebar(空格)键并拖曳鼠标,即可移动选区。

绘制出选区后,使用"方向键",可以将选区沿各方向移动 1 个像素。

绘制出选区后,使用"Shift+方向组合键",可以将选区沿各方向移动 10 个像素。

3.2.2 调整选区

选择完图像的区域后,还可以进行增加选区、减小选区、相交选区等操作。

1. 使用快捷键调整选区

(1) 增加选区:打开一幅图像,选择"矩形选框"工具 绘制出选区,如图 3-30 所示,再选择"椭圆选框"工具 ,按住 Shift 键,绘制出要增加的圆形选区,如图 3-31 所示,增加后的选区效果如图 3-32 所示。

图 3-31

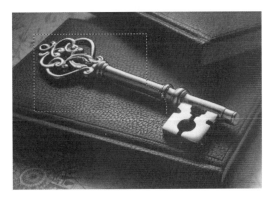

图 3-32

(2) 减小选区:打开一幅图像,选择"矩形选框"工具 绘制出选区,如图 3-33 所示,再选择"椭圆选框"工具 ,按住 Alt 键,绘制出要减去的椭圆形选区,如图 3-34 所示,减去后的选区效果如图 3-35 所示。

图 3-30

图 3-33

图 3-34

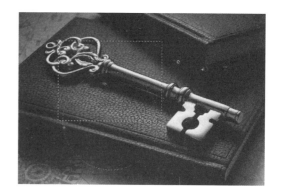

图 3-37

图 3-35

图 3-38

（3）相交选区：打开一幅图像,选择"矩形选框"工具 ⬚ 绘制出选区,如图 3-36 所示,再选择"椭圆选框"工具 ⬭ ,按住 Shift＋Alt 组合键,绘制出椭圆形选区,如图 3-37 所示,相交后的选区效果如图 3-38 所示。

（4）取消选区：按 Ctrl＋D 组合键,可以取消选区。

（5）反选选区：按 Shift＋Ctrl＋I 组合键,可以对当前的选区进行反向选取,如图 3-39 所示。

图 3-39

（6）全选图像：按 Ctrl＋A 组合键,可以选择全部图像。

（7）隐藏选区：按 Ctrl＋H 组合键,可以隐藏选区的显示,再次按 Ctrl＋H 组合键,可以恢复显示选区。

2. 使用工具属性栏调整选区

在选区工具的属性栏中, ▣◳◲◱ 为选择选区方式选项。新选区 ▣ 可以去除旧选区,绘制新选区。添加到选区 ◳ 可以在原有选区的基础上再增加新的选区。从选区减去 ◲ 可以在原有选区的基础上减去新选区的部分。与选区交叉 ◱ 可以选择新旧选区重叠的部分。

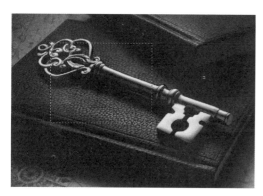

图 3-36

3. 使用菜单调整选区

在"选择"菜单下选择"全选"、"取消选择"和"反选"命令,可以对图像选区进行全部选择、取消选择、反向选择的操作。

选择"选择 → 修改"命令,系统将弹出其下拉菜单,如图3-40所示。

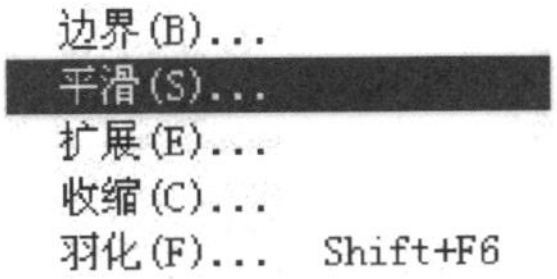

```
边界(B)...
平滑(S)...
扩展(E)...
收缩(C)...
羽化(F)...    Shift+F6
```

图 3-40

(1)"边界"命令:用于修改选区的边缘。打开一幅图像,绘制好选区,如图3-41所示。选择下拉菜单中的"边界"命令,弹出"边界选区"对话框,如图3-42所示进行设定,单击"确定"按钮,边界效果如图3-43所示。

图 3-41

图 3-42

图 3-43

(2)"平滑"命令:可以通过增加或减少选区边缘的像素来平滑边缘,选择下拉菜单中的"平滑"命令,弹出"平滑选区"对话框,如图3-44所示。

图 3-44

(3)"扩展"命令:用于扩充选区的像素,其扩充的像素数量通过如图3-45所示的"扩展选区"对话框确定。

图 3-45

(4)"收缩"命令:用于收缩选区的像素,其收缩的像素数量通过如图3-46所示的"收缩选区"对话框确定。

图 3-46

(5)"扩大选取"命令:可以将图像中一些连续的、色彩相近的像素扩充到选区内。扩大选取的数值是根据"魔棒"工具设置的容差值决定的。

(6)"选取相似"命令:可以将图像中一些不连续的、色彩相近的像素扩充到选区内。选取相似的数值是根据"魔棒"工具设置的容差值决定的。

打开一幅图像,将"魔棒"工具的容差值设定为32,绘制出选区,如图3-47所示,选择"选择 → 扩大选取"命令后的效果如图3-48所示,选择"选择 → 选取相似"命令后的效果如图3-49所示。

图 3-47

图 3-48

图 3-49

3.2.3 羽化选区

羽化选区可以使图像产生柔和的效果。通过以下的方法可以设置选区的羽化值。

▶ 选择"选择 → 羽化"命令,或按 Shift + F6 组合键,在"羽化选区"对话框中设置羽化半径的值。

▶ 使用选择工具前,在该工具的属性栏中设置羽化半径的值。

3.2.4 课堂案例——光晕效果

【学习目标】学习使用选取工具绘制选区,并使用羽化命令制作出需要的效果。

【知识要点】使用椭圆选框工具、羽化命令和反向命令制作光晕效果,最终效果如图 3-50 所示。

图 3-50

【操作步骤】

(1) 按 Ctrl + O 组合键,打开素材,如图 3-51 所示。选择"椭圆选框"工具 ◯,在图像窗口中的适当位置绘制一个椭圆选区,如图 3-52 所示。

图 3-51

图 3-52

(2) 选择"选择 → 羽化"命令,在弹出的"羽化选区"对话框中进行设置,如图 3-53 所示,单击"确定"按钮。按 Shift + Ctrl + I 组合键,将选区反选,效果如图 3-54 所示。

图 3-53

图 3-54

(3) 在工具箱的下方将前景色设为白色,按 Alt＋

Delete 组合键,用前景色白色填充选区。按 Ctrl＋D 组合键,取消选区,如图 3-55 所示。光晕效果制作完成。

图 3-55

3.3 上机练习

练习1 绘制图形

如图 3-56 为使用选择工具绘制的图形,请使用工具完成这些图形。

图 3-56

【操作步骤提示】

(1) 将图形分解为基本图形,如圆形、正方形和三角形等。

(2) 使用选框工具绘制形状选区,利用选区的加减来组合需要的图形选区。

(2) 完成选区后填充颜色。

练习2 多种选择方法的使用

打开素材图片,如图 3-57 所示,使用多种方法获得图中的叶片。

图 3-57

【操作步骤提示】

由于叶片和背景区别比较明显,本例获取对象的方法很多。

(1) 使用"磁性套索工具"沿叶片边缘绘制选区。

(2) 使用"快速选择工具"在背景区域反复单击获取背景选区。获取选区时可根据需要选择"添加到选区"模式或"从选区中减去"模式。完成背景选择后将选区反相即可。

(3) 使用"色彩范围"命令,选取绿色区域作为选区。

第四章

绘制和修饰图像

本章将详细介绍 Photoshop CS5 绘制、修饰以及填充图像的功能。读者通过学习要了解和掌握绘制和修饰图像的基本方法和操作技巧。要努力将绘制和修饰图像的各种功能和效果应用到实际的设计制作任务中,真正做到学有所用。

 学习任务

- 绘图工具的使用
- 修图工具的使用

- 填充工具的使用
- 上机练习

4.1 绘图工具的使用

绘图工具可以在空白的图像中画出图形,也可以在已有的图像中对其进行再创作,掌握好绘图工具可以使设计作品更精彩。

4.1.1 画笔工具

画笔工具可以模拟画笔效果在图像或选区中进行绘制。

1. 画笔工具

启用"画笔"工具 ，有以下几种方法。

▶ 单击工具箱中的画笔工具 。

▶ 反复按 Shift+B 组合键。

启用"画笔"工具 ，属性栏将显示如图 4-1 所示的状态。

图 4-1

在画笔工具属性栏中,"画笔"选项用于选择预设的画笔;"模式"选项用于选择混合模式,使之产生丰富的效果;"不透明度"选项可以设定画笔的不透明度;"流量"选项用于设定喷笔压力,压力越大,喷色越浓。单击"启用喷枪模式"按钮 ，可以选择喷枪效果。

使用画笔工具:启用"画笔"工具,在画笔工具属性栏中设置画笔,如图 4-2 所示。

图 4-2

使用"画笔"工具在图像中单击并按住鼠标左键,拖曳鼠标可以绘制出书法字的效果,如图 4-3 所示。

图 4-3

2. 选择画笔

(1) 在画笔工具的属性栏中选择画笔:单击"画笔"选项右侧的按钮,弹出如图 4-4 所示的画笔选择窗口,在画笔选择窗口中可选择画笔形状。

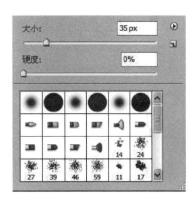

图 4-4

按 Shift+[组合键,选择第一个画笔;按 Shift+] 组合键,选择最后一个画笔;按 [键,选择前一个画笔;按] 键,选择下一个画笔。拖曳"大小"选项下的滑块或直接输入数值可以设置画笔的大小。如果选择的画笔是基于样本的,将显示"使用取样大小"按钮,单击"使用取样大小"按钮,可以使画笔的直径恢复到初始的大小。

单击"画笔"选择窗口右上方的按钮 ，在其弹出的下拉命令菜单中选择"小缩览图"命令,如图 4-5 所示。

弹出式菜单中的各个命令及其作用如下。

"新建画笔预设"命令:用于建立新画笔。

"重命名画笔"命令:用于重新命名画笔名称。

"删除画笔"命令:用于删除当前选中的画笔。

"仅文本"命令:以文字描述方式显示画笔选择窗口。

"小缩览图"命令:以小图标方式显示画笔选择窗口。

"大缩览图"命令:以大图标方式显示画笔选择窗口。

"小列表"命令:以小文字和图标列表方式显示画笔选择窗口。

"大列表"命令:以大文字和图标列表方式显示画笔选择窗口。

"描边缩览图"命令:以笔划的方式显示画笔选择窗口。

"预设管理器"命令:用于在弹出的预置管理器对话框中编辑画笔。

"复位画笔"命令:用于恢复默认状态画笔。

图 4-5

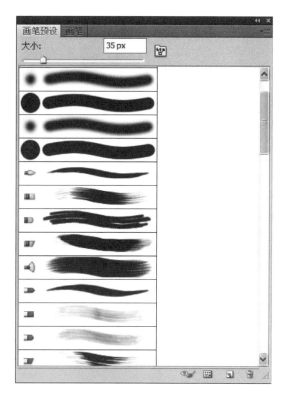

图 4-6

"载入画笔"命令:用于将存储的画笔载入面板。

"存储画笔"命令:用于将当前的画笔进行存储。

"替换画笔"命令:用于载入新画笔并替换当前画笔。

(2) 在"画笔"控制面板中选择画笔:选择"窗口→ 画笔"命令,或按 F5 键,弹出"画笔"控制面板。选中"画笔预设"按钮 画笔预设 ,弹出"画笔预设"控制面板,如图 4-6 所示。在画笔预设控制面板中单击需要的画笔,即可选择该画笔。

3. 设置画笔

(1) 画笔笔尖形状选项:在"画笔"控制面板中,单击"画笔笔尖形状"选项,弹出相应的控制面板,如图 4-7 所示。"画笔笔尖形状"选项可以设置画笔的形状。

▶ "大小"选项:用于设置画笔的大小。

▶ "角度"选项:用于设置画笔的倾斜角度。不同倾斜角度的画笔绘制的线条效果如图 4-8 和图 4-9 所示。

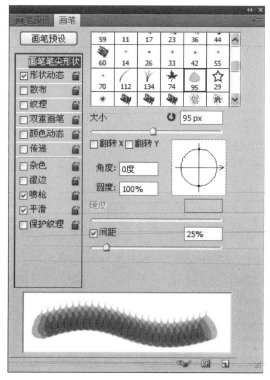

图 4-7

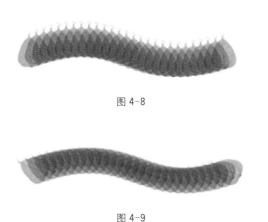

图 4-8

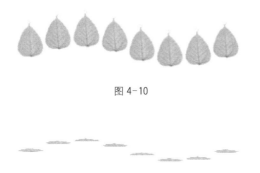

图 4-9

▶"圆度"选项:用于设置画笔的圆滑度。在右侧的预视窗口中可以观察和调整画笔的角度和圆滑度。不同圆滑度的画笔绘制的线条效果如图 4-10 和图 4-11 所示。

图 4-10

图 4-11

▶"硬度"选项:用于设置画笔所画图像的边缘的柔化程度。硬度的数值用百分比表示。不同硬度的画笔绘制的线条效果如图 4-12 和图 4-13 所示。

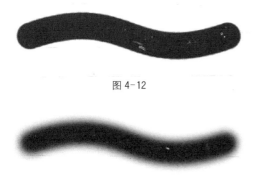

图 4-12

图 4-13

▶"间距"选项:用于设置画笔画出的标记点之间的间隔距离。不同间距设置的画笔绘制的线条效果如图 4-14 和图 4-15 所示。

图 4-14

图 4-15

(2) 形状动态选项:在"画笔"控制面板中,单击"形状动态"选项,弹出相应的控制面板,如图 4-16 所示。"形状动态"选项可以增加画笔的动态效果。

图 4-16

43

▶ "大小抖动"选项:用于设置动态元素的自由随机度。数值设置为 100% 时,画笔绘制的元素会出现最大的自由随机度,如图 4-17 所示;数值设置为 0% 时,画笔绘制的元素没有变化,如图 4-18 所示。

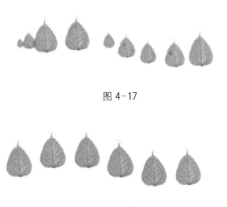

图 4-17

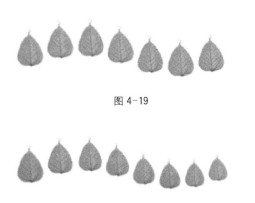

图 4-18

在"控制"选项的弹出式菜单中可以选择各个选项,来控制动态元素的变化。有关、渐隐、钢笔压力、钢笔斜度、光笔轮和旋转 6 个选项。

例如,选择"渐隐"选项,在其右侧的数值框中输入数值 25,将"最小直径"选项设置为 100%,画笔绘制的效果如图 4-19 所示;将"最小直径"选项设置为 1%,画笔绘制的效果如图 4-20 所示。

图 4-19

图 4-20

▶ "最小直径"选项:用来设置画笔标记点的最小尺寸。

▶ "倾斜缩放比例"选项:当选择"控制"选项组中的"钢笔斜度"选项后,可以设置画笔的倾斜比例。在使用数位板时此选项才有效。

▶ "角度抖动"和"控制"选项:"角度抖动"选项用于设置画笔在绘制线条的过程中标记点角度的动态

变化效果;在"控制"选项的弹出式菜单中,可以选择各个选项,来控制角度抖动的变化。设置不同角度抖动数值后,画笔绘制的效果如图 4-21 和图 4-22 所示。

图 4-21

图 4-22

▶ "圆度抖动"和"控制"选项:"圆度抖动"选项用于设置画笔在绘制线条的过程中标记点圆度的动态变化效果;在"控制"选项的弹出式菜单中,可以选择各个选项,来控制圆度抖动的变化。设置不同圆度抖动数值后,画笔绘制的效果如图 4-23 和图 4-24 所示。

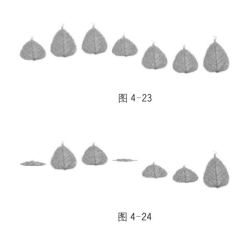

图 4-23

图 4-24

▶ "最小圆度"选项:用于设置画笔标记点的最小圆度。

(3) 散布选项:在"画笔"控制面板中,单击"散布"选项,弹出相应的控制面板,如图 4-25 所示。

▶ "散布"选项:用于设置画笔绘制的线条中标记点的分布效果。不选中"两轴"选项,画笔标记点的分布与画笔绘制的线条方向垂直,效果如图 4-26 所示;选中"两轴"选项,画笔标记点将以放射状分布,效果如图 4-27 所示。

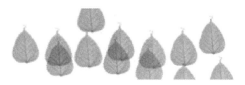

图 4-28

图 4-29

（4）"纹理"选项：在"画笔"控制面板中，单击"纹理"选项，弹出相应的控制面板，如图 4-30 所示。"纹理"选项可以使画笔纹理化。

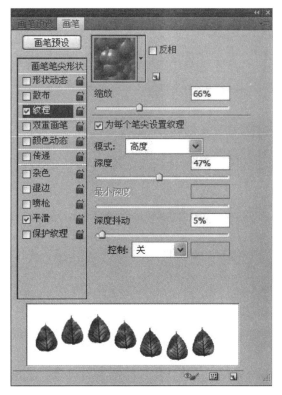

图 4-30

在控制面板的上面有纹理的预视图，单击右侧的按钮，在弹出的面板中可以选择需要的图案，选择"反相"选项，可以设定纹理的反相效果。

▶"缩放"选项：用于设置图案的缩放比例。

▶"为每个笔尖设置纹理"选项：用于设置是否分别对每个标记点进行渲染。选择此项，下面的"最小深度"和"深度抖动"选项变为可用。

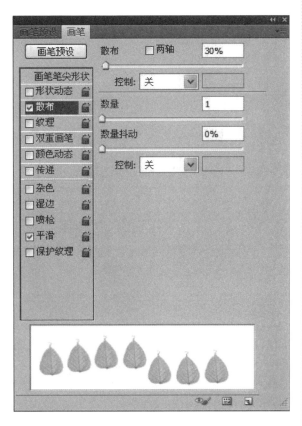

图 4-25

图 4-26

图 4-27

▶"数量"选项：用于设置每个空间间隔中画笔标记点的数量。设置不同数量的数值后，画笔绘制的效果如图 4-28 和图 4-29 所示。

▶"数量抖动"选项：用于设置每个空间间隔中画笔标记点的数量变化。在"控制"选项的下拉菜单中可以选择各个选项，来控制数量抖动的变化。

▶"模式"选项:用于设置画笔和图案之间的混合模式。

▶"深度"选项:用于设置画笔混合图案的深度。

▶"最小深度"选项:用于设置画笔混合图案的最小深度。

▶"深度抖动"选项:用于设置画笔混合图案的深度变化。

(5)"双重画笔"选项:在"画笔"控制面板中,单击"双重画笔"选项,弹出相应的控制面板,如图 4-31 所示。双重画笔效果就是两种画笔效果的混合。

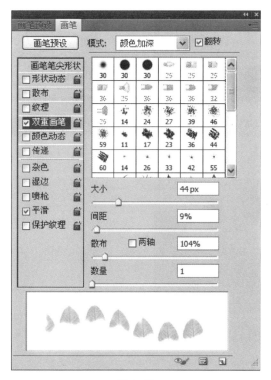

图 4-31

在控制面板中"模式"选项的弹出式菜单中,可以选择两种画笔的混合模式。在画笔预视框中选择一种画笔作为第二个画笔。

▶"大小"选项:用于设置第二个画笔的大小。

▶"间距"选项:用于设置第二个画笔在绘制的线条中的标记点之间的距离。

▶"散布"选项:用于设置第二个画笔在所绘制的线条中标记点的分布效果。不选中"两轴"选项,画笔标记点的分布与画笔绘制的线条方向垂直;选中"两轴"选项,画笔标记点将以放射状分布。

▶"数量"选项:用于设置每个空间间隔中第二个画笔标记点的数量。

选择第一个画笔后绘制的效果,如图 4-32 所示。选择第二个画笔并对其进行设置后,绘制的双重画笔

的混合效果,如图 4-33 所示。

图 4-32

图 4-33

(6)"颜色动态"选项:在"画笔"控制面板中,单击"颜色动态"选项,弹出相应的控制面板,如图 4-34 所示。"颜色动态"选项用于设置画笔绘制的过程中颜色的动态变化情况。

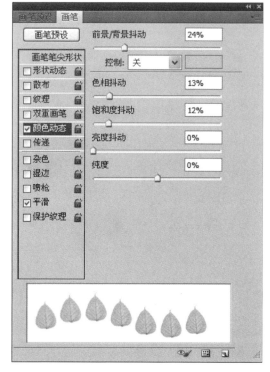

图 4-34

▶ 前景/背景抖动:用来设置油彩在前景色与背景色之间的变化方式。

▶ 色相抖动:用来设置绘制时油彩色相可以改变的百分比。

▶ 饱和度抖动:用来设置绘制时油彩饱和度可以改变的百分比。

▶ 亮度抖动:用来设置绘制时油彩亮度可以改变的百分比。

▶纯度:增大或减小颜色的饱和度,取值范围为-100%~100%。

设置不同的颜色动态数值后,画笔绘制的效果如图 4-35 和图 4-36 所示。

图 4-35

图 4-36

(7) 画笔的其它选项,如图 4-37 所示。

▶"传递"选项可以用来设置绘画笔迹的不透明度和流量变化。

▶"杂色"选项可以为画笔笔尖添加随机性的杂色效果。

▶"湿边"选项可以沿画笔描边的边缘增大油彩量,从而创建水彩效果。

▶"喷枪"选项用于对图像应用渐变色调,以模拟传统的喷枪手法。

▶"平滑"选项可以在画笔描边中产生较平滑的曲线。

▶"保护纹理"选项可以对所有具有纹理的画笔

预设应用相同的图案和比例。

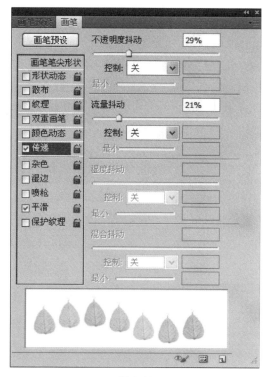

图 4-37

4. 载入画笔

单击"画笔预设"控制面板右上方的图标 ≡,在其弹出式菜单中选择"载入画笔"命令,弹出"载入"对话框。

在"载入"对话框中,选择"PhotoshopCS5→预置→画笔"文件夹,将显示多种可以载入的画笔文件。选择需要的画笔文件,单击"载入"按钮,将画笔载入。

5. 制作画笔

打开一幅图像,如图 4-38 所示。选择"图像 → 图像大小"命令,弹出"图像大小"对话框,如图 4-39 所示进行设定,单击"确定"按钮,将图像改小,效果如图 4-40 所示。

图 4-38

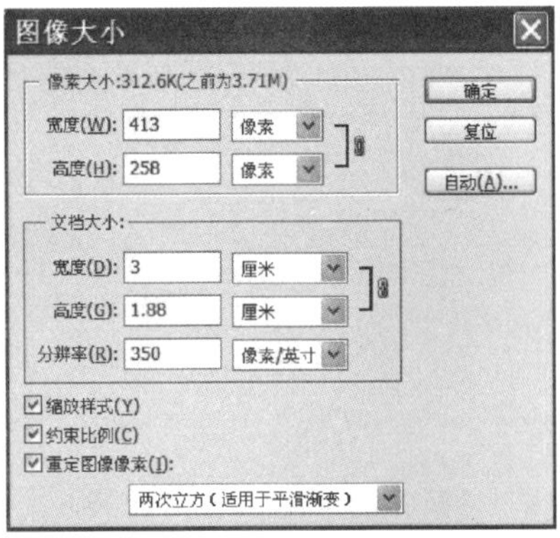

图 4-39

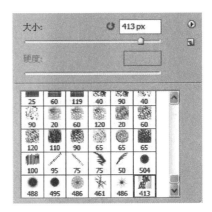

钮  ，选择喷枪效果，如图 4-44 所示。

图 4-43

图 4-40

在背景层和图像分层的情况下，按 Ctrl＋A 组合键，将图像全选，如图 4-41 所示。选择"编辑 → 定义画笔预设"命令，弹出"画笔名称"对话框，如图 4-42所示进行设定，单击"确定"按钮，将选取的图像定义为画笔。

图 4-44

新建文档，将画笔工具放在适当的位置，按下鼠标左键喷出新制作的画笔效果，如图 4-45 所示，喷绘时按下鼠标左键时间的长短决定画笔图像颜色的深浅，如图 4-46 所示。

图 4-45

图 4-41

图 4-42

在画笔选择窗口中可以看到刚制作好的画笔，如图 4-43 所示，选择制作好的画笔，在画笔工具属性栏中进行设置，再单击"经过设置可以启用喷枪功能"按

图 4-46

6. 铅笔工具

铅笔工具可以模拟铅笔的效果进行绘画。启用"铅笔"工具 ✐,有以下两种方法。

▶ 单击工具箱中的"铅笔"工具 ✐。

▶ 反复按 Shift+B 组合键。

启用"铅笔"工具 ✐,属性栏将显示如图 4-47 所示的状态。

图 4-47

在铅笔工具属性栏中,"画笔"选项用于选择画笔;"模式"选项用于选择混合模式;"不透明度"选项用于设定画笔的不透明度;"自动抹除"选项用于自动判断绘画时的起始点颜色,如果起始点颜色为背景色,则铅笔工具将以前景色绘制,反之如果起始点颜色为前景色,铅笔工具则会以背景色绘制。

使用铅笔工具:启用"铅笔"工具 ✐,在铅笔工具属性栏中选择画笔,选择"自动抹除"选项,如图 4-48 所示,此时绘制效果与鼠标所单击的起始点颜色有关,当鼠标单击的起始点像素与前景色相同时,"铅笔"工具 ✐ 将行使"橡皮擦"工具 ✐ 的功能,以背景色绘图;如果鼠标点取的起始点颜色不是前景色时,绘图时仍然会保持以前景色绘制。

图 4-48

例如,将前景色和背景色分别设定为红色和黄色,在图中单击鼠标左键,画出一个黑点,在黑色区域内单击绘制下一个点,颜色就会变成灰色,重复以上操作,得到的效果如图 4-49 所示。

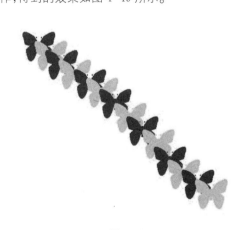

图 4-49

7. 颜色替换工具

颜色替换工具可以对图像的颜色进行改变。启用"颜色替换"工具 ✐,有以下两种方法。

▶ 单击工具箱中的"颜色替换"工具 ✐。

▶ 反复按 Shift+B 组合键。

启用"颜色替换"工具 ✐,属性栏将显示如图 4-50 所示的状态。

图 4-50

在颜色替换工具的属性栏中,"画笔"选项用于设置颜色替换的形状和大小;"模式"选项用于选择绘制的颜色模式;"取样"选项用于设定取样的类型;"限制"选项用于选择擦除界限;"容差"选项用于设置颜色替换的绘制范围。

颜色替换工具可以在图像中非常容易的改变任何区域的颜色。

使用颜色替换工具。打开一幅图像,效果如图 4-51 所示。设置前景色为蓝色,并在颜色替换工具的属性栏中设置画笔的属性,如图 4-52 所示。在图像上绘制时,颜色替换工具可以根据绘制区域的图像颜色,自动生成绘制区域,效果如图 4-53 所示。使用颜色替换工具可以将糖果由彩色变成蓝色,效果如图 4-54 所示。

图 4-51

图 4-52

图 4-53

图 4-54

4.1.2 橡皮擦工具

橡皮擦工具用于擦除图像中的颜色。下面将具体介绍如何使用"橡皮擦"工具 。

1. 橡皮擦工具

橡皮擦工具可以用背景色擦除背景图像,也可以用透明色擦除图层中的图像。启用"橡皮擦"工具 ,有以下两种方法。

▶ 单击工具箱中的"橡皮擦"工具 。

▶ 反复按 Shift＋E 组合键。

启用"橡皮擦"工具 ,属性栏将显示如图 4-55 所示的状态。

图 4-55

在橡皮擦工具属性栏中,"画笔"选项用于选择橡皮擦的形状和大小;"模式"选项用于选择擦除的笔触方式;"不透明度"选项用于设定不透明度;"流量"选项用于设定扩散的速度;"抹掉历史记录"选项用于确定以"历史"控制面板中确定的图像状态来擦除图像。

使用橡皮擦工具:启用"橡皮擦"工具 ,在图像中单击并按住鼠标左键同时拖曳鼠标,可以擦除图像。用背景色擦除图像效果如图 4-56 所示。

图 4-56

2. 背景橡皮擦工具

背景橡皮擦工具可以用来擦除指定的颜色,指定的颜色显示为背景色。启用"背景橡皮擦"工具 ,有以下两种方法。

▶ 单击工具箱中的"背景橡皮擦"工具 。

▶ 反复按 Shift＋E 组合键。

启用"背景橡皮擦"工具 ,属性栏将显示如图 4-57 所示的状态。

图 4-57

在背景橡皮擦工具属性栏中,"画笔"选项用于选择橡皮擦的形状和大小;"取样"选项用于设定取样的类型;"限制"选项用于选择擦除界限;"容差"选项用于设定容差值;"保护前景色"选项用于保护前景色不被擦除。

使用背景橡皮擦工具:启用"背景橡皮擦"工具 ,在图像中使用背景橡皮擦工具擦除图像,效果如图 4-58 所示。

图 4-58

3. 魔术橡皮擦工具

魔术橡皮擦工具可以自动擦除颜色相近的区域。启用"魔术橡皮擦"工具，有以下两种方法。

▶ 单击工具箱中的"魔术橡皮擦"工具。

▶ 反复按 Shift+E 组合键。

启用"魔术橡皮擦"工具，属性栏将显示如图4-59所示的状态。

图 4-59

在魔术橡皮擦工具属性栏中，"容差"选项用于设定容差值，容差值的大小决定魔术橡皮擦工具擦除图像的面积；"消除锯齿"选项用于消除锯齿；"连续"选项作用于当前层；"对所有图层取样"选项作用于所有层；"不透明度"选项用于设定不透明度。

使用魔术橡皮擦工具：启用"魔术橡皮擦"工具，设置魔术橡皮擦工具属性栏为默认值，用魔术橡皮擦工具擦除图像，图像的效果如图 4-60所示。

图 4-60

4.2　修图工具的使用

修图工具用于对图像的细微部分进行修整，是在处理图像时不可缺少的工具。

4.2.1 图章工具

图章工具可以以预先指定的像素点或定义的图案为复制对象进行复制。

1. 仿制图章工具

仿制图章工具可以以指定的像素点为复制基准点，将其周围的图像复制到其他地方。启用"仿制图章"工具，有以下几种方法。

▶ 单击工具箱中的"仿制图章"工具。

▶ 反复按 Shift+S 组合键。

启用"仿制图章"工具，属性栏将显示如图4-61所示的状态。

图 4-61

在仿制图章工具属性栏中，"画笔"选项用于选择画笔；"模式"选项用于选择混合模式；"不透明度"选项用于设定不透明度；"流量"选项用于设定扩散的速度；"对齐"选项用于控制是否在复制时使用对齐功能；"样本"选项用于指定图层进行数据取样。

使用仿制图章工具：启用"仿制图章"工具，将"仿制图章"工具放在图像中需要复制的位置，如图 4-62 所示。按住 Alt 键，鼠标指针由仿制图章图标变为圆形十字图标，单击鼠标左键，定下取样点，松开 Alt 键和鼠标左键，在合适的位置单击并按住鼠标左键，拖曳鼠标复制出取样点及其周围的图像，效果如图 4-63 所示。

图 4-62

图 4-63

2. 图案图章工具

"图案图章"工具可以以预先定义的图案为复制对象进行复制。启用"图案图章"工具，有以下两种方法。

▶ 单击工具箱中的"图案图章"工具。

▶ 反复按 Shift＋S 组合键。

启用"图案图章"工具，其属性栏中的选项内容基本与仿制图章工具属性栏的选项内容相同，但多了一个用于选择复制图案的图案选项，如图 4-64 所示。

图 4-64

使用图案图章工具：启用"图案图章"工具，用矩形选框工具绘制出要定义为图案的选区，如图4-65所示。选择"编辑 → 定义图案"命令，弹出"图案名称"对话框，如图 4-66 所示，单击"确定"按钮，定义选区中的图像为图案。

图 4-65

图 4-66

在图案图章工具的属性栏中选择定义的图案，如图 4-67 所示。按 Ctrl＋D 组合键，取消图像中的选区。选择"图案图章"工具，在合适的位置单击并按住鼠标左键，拖曳鼠标复制出定义的图案，效果如图 4-68 所示。

图 4-67

图 4-68

4.2.2 污点修复画笔工具、修复画笔工具

污点修复画笔工具可以快速地清除照片中的污点,修复画笔工具可以修复旧照片或有破损的图像。

1. 污点修复画笔工具

污点修复画笔工具可以快速修除照片中的污点和其他不理想部分。启用"污点修复画笔"工具 ,有以下两种方法。

▶ 单击工具箱中的"污点修复画笔"工具 。

▶ 反复按 Shift+J 组合键。

启用"污点修复画笔"工具 ,属性栏将显示如图 4-69 所示的状态。

图 4-69

在污点修复画笔工具属性栏中,"画笔"选项可以选择修复画笔的大小。单击"画笔"选项右侧的按钮 ,在弹出的"画笔"对话框中,可以设置画笔的直径、硬度、间距、角度、圆度和压力大小,如图 4-70 所示。在"模式"选项的弹出式菜单中可以选择复制像素或填充图案与底图的混合模式。"近似匹配"能使用选区边缘的像素来查找用作选定区域修补的图像区域。"创建纹理"能使用选区中的所有像素创建一个用于修复该区域的纹理。

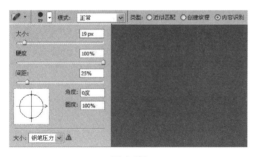

图 4-70

使用污点修复画笔工具:打开一幅图像,如图 4-71 所示,选择污点修复画笔工具,在属性栏中设置画笔的大小,在图像中需要修复的位置单击鼠标左键,修复效果如图 4-72 所示。

图 4-71

图 4-72

2. 修复画笔工具

使用修复画笔工具进行修复,可以使修复的效果自然逼真。启用"修复画笔"工具 ,有以下两种方法。

▶ 单击工具箱中的"修复画笔"工具 。

▶ 反复按 Shift+J 组合键。

启用"修复画笔"工具 ,属性栏将显示如图 4-73 所示的状态。

图 4-73

在修复画笔工具属性栏中,"画笔"选项可以选择修复画笔的大小。单击"画笔"选项右侧的按钮,在弹出的"画笔"对话框中,可以设置画笔的直径、硬度、间距、角度、圆度和压力大小,如图 4-74 所示;在"模式"选项的弹出菜单中可以选择复制像素或填充图案与底图的混合模式;在选择"源"选项组的"取样"选项后,按住 Alt 键,此时鼠标指针由修复画笔工具图标变为圆形十字图标 ,单击定下样本的取样点,松开 Alt 键和鼠标左键,在图像中要修复的位置单击并按住鼠标,拖曳鼠标复制出取样点的图像;在选择"图案"选项后,可以在"图案"对话框中选择图案或自定义图案来填充图像;选择"对齐"选项,下一次的复制位置会和上次的完全重合,图像的复制不会因为重新复制而出现错位。

图 4-74

使用修复画笔工具:修复画笔工具可以将取样点的像素信息非常自然地复制到图像的破损位置,并保持图像的亮度、饱和度、纹理等属性。修复效果

如图 4-75 和图 4-76 所示。

图 4-75

图 4-76

在修复画笔工具的属性栏中选择需要的图案,如图 4-77 所示。使用修复画笔工具填充图案的效果如图 4-78 和图 4-79 所示。

图 4-77

图 4-78

图 4-79

4.2.3 修补工具、红眼工具

1. 修补工具

修补工具可以对图像进行修补;红眼工具可以对图像的颜色进行改变。修补工具可以用图像中的其他区域来修补当前选中的需要修补的区域;也可以使用图案来修补需要修补的区域。

启用"修补"工具 ,有以下两种方法。

▶ 单击工具箱中的"修补"工具 。

▶ 反复按 Shift+J 组合键。

启用"修补"工具 ,属性栏将显示如图 4-80 所示的状态。

图 4-80

在"修补"工具 属性栏中, 为选择修补选区方式的选项:新选区 可以去除旧选区,绘制新选区;添加到选区 可以在原有选区的基础上再增加新的选区;从选区减去 可以在原有选区的基础上减去新选区的部分;与选区交叉 可以选择新旧选区重叠的部分。

使用修补工具:打开一幅图像,用"修补"工具 圈选图像中的糖果,如图 4-81 所示。选择修补工具属性栏中的"源"选项,在圈选的区域中单击并按住鼠标左键,拖曳鼠标将选区放置到需要的位置,效果如图4-82所示。松开鼠标左键,选中的糖果被新放置的选取位置的图像所修补,效果如图 4-83 所示。按 Ctrl+D 组合键,取消选区,修补的效果如图4-84所示。

图 4-81

图 4-82

图 4-83

图 4-84

图 4-85

图 4-86

图 4-87

选择修补工具属性栏中的"目标"选项,用"修补"工具◉圈选图像中的区域,如图 4-85 所示,再将选区拖曳到要修补的图像区域,效果如图 4-86 所示。按 Ctrl＋D 组合键,取消选区,修补效果如图 4-87 所示。

用"修补"工具◉在图像中圈选出需要使用图案的选区,如图 4-88 所示。修补工具属性栏中的"使用图案"选项变为可用,选择需要的图案,如图 4-89 所示,单击"使用图案"按钮,在选区中填充了所选的图案,按 Ctrl＋D 组合键,取消选区,填充效果如图 4-90 所示。

图 4-88

图 4-89

图 4-90

使用图案进行修补时,可以选择修补工具属性栏中的"透明"选项,将用来修补的图案变为透明,效果如图 4-91 所示。

图 4-91

2. 红眼工具

红眼工具可移去用闪光灯拍摄的人物照片中的红眼。启用"红眼"工具,有以下两种方法。

▶ 单击工具箱中的"红眼"工具。

▶ 反复按 Shift＋J 组合键。

启用"红眼"工具,属性栏显示如图 4-92 所示的状态。

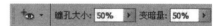

图 4-92

在红眼工具的属性栏中,"瞳孔大小"选项用于设置瞳孔的大小;"变暗量"选项用于设置瞳孔的暗度。

使用红眼工具:打开一幅人物照片,效果如图 4-93所示。启用"红眼"工具,并按需要在红眼工具的属性栏中进行设置。在照片中瞳孔的位置单击,去除照片中的红眼,效果如图 4-94 所示。

图 4-93

图 4-94

4.2.4 模糊工具、锐化工具和涂抹工具

模糊工具可以使图像的色彩变模糊。锐化工具可以使图像的色彩变强烈。涂抹工具可以制作出一种类似于水彩画效果的作品。

1. 模糊工具

启用模糊工具,有以下两种方法。

▶ 单击工具箱中的"模糊"工具。

▶ 反复按 Shift＋R 组合键。

启用"模糊"工具,属性栏将显示如图 4-95 所示的状态。

图 4-95

在模糊工具属性栏中,"画笔"选项用于选择画笔的形状;"模式"选项用于设定模式;"强度"选项用于设定画笔压力的大小;"对所有图层取样"选项用于确定模糊工具是否对所有可见层起作用。

使用模糊工具:启用"模糊"工具  ,在模糊工具属性栏中进行设定。在图像中单击并按住鼠标左键,拖曳鼠标可使图像产生模糊的效果。原图像和模糊后的图像效果如图 4-96 所示。

图 4-96

2. 锐化工具

启用"锐化"工具  ,有以下两种方法。

▶ 单击工具箱中的"锐化"工具 △。

▶ 反复按 Shift+R 组合键。

启用"锐化"工具 △,属性栏将显示如图 4-97 所示的状态。其属性栏中的选项内容与模糊工具属性栏的选项内容类似。

图 4-97

使用锐化工具:启用"锐化"工具 △,在锐化工具属性栏中进行设定。在图像中单击并按住鼠标左键,拖曳鼠标可使图像产生锐化的效果,效果如图 4-98 所示。

图 4-98

3. 涂抹工具

启用"涂抹"工具 ,有以下两种方法。

▶ 单击工具箱中的"涂抹"工具 。

▶ 反复按 Shift+R 组合键。

启用"涂抹"工具 ,属性栏将显示如图 4-99 所

示的状态。其属性栏中的选项内容与模糊工具属性栏的选项内容类似,只是多了一个"手指绘画"选项,用于设定是否按前景色进行涂抹。

图 4-99

使用涂抹工具:用"涂抹"工具  ,在涂抹工具属性栏中进行设定。在图像中单击并按住鼠标左键,拖曳鼠标使图像产生涂抹的效果。原图像和涂抹后的图像效果如图 4-100 所示。

图 4-100

4.2.5 减淡工具、加深工具和海绵工具

减淡工具可以使图像的亮度提高。加深工具可以使图像的亮度降低。海绵工具可以增加或减少图像的色彩饱和度。

1. 减淡工具

启用"减淡"工具 ,有以下两种方法。

▶ 单击工具箱中的"减淡"工具 。

▶ 反复按 Shift+O 组合键。

启用"减淡"工具 ,属性栏将显示如图 4-101 所示的状态,"画笔"选项用于选择画笔的形状;"范围"选项用于设定图像中所要提高亮度的区域;"曝光度"选项用于设定曝光的强度。

图 4-101

使用减淡工具:启用"减淡"工具 ,在减淡工具属性栏中进行设定,在图像中单击并按住鼠标左键,拖曳鼠标使图像产生减淡的效果,效果如图 4-102 所示。

图 4-102

2. 加深工具

启用"加深"工具，有以下两种方法。

▶ 单击工具箱中的"加深"工具。

▶ 反复按 Shift+O 组合键。

启用"加深"工具，属性栏将显示如图 4-103 所示的状态。其属性栏中的选项内容与减淡工具属性栏选项内容的作用正好相反。

图 4-103

使用加深工具：启用"加深"工具，在加深工具属性栏中进行设定。在图像中单击并按住鼠标左键，拖曳鼠标使图像产生加深的效果。图像效果如图 4-104 所示。

图 4-104

3. 海绵工具

启用"海绵"工具，有以下两种方法。

▶ 单击工具箱中的"海绵"工具。

▶ 反复按 Shift+O 组合键。

启用"海绵"工具，属性栏将显示如图 4-105 所示的状态。"画笔"选项用于选择画笔的形状；"模式"选项用于设定饱和度处理方式；"流量"选项用于设定扩散的速度。

图 4-105

使用海绵工具：启用"海绵"工具，在海绵工具属性栏中进行设定。在图像中单击并按住鼠标左键，拖曳鼠标使图像产生增加色彩饱和度的效果，如图 4-106 所示。

图 4-106

4.3 填充工具的使用

使用填充工具可以对选定的区域进行色彩或图案的填充。下面将具体介绍填充工具的使用方法和操作技巧。

4.3.1 渐变工具、油漆桶工具

渐变工具可以在图像或图层中形成一种色彩渐变的图像效果。油漆桶工具可以在图像或选区中，对指定色差范围内的色彩区域进行色彩或图案填充。

1. 渐变工具

启用"渐变"工具，有以下两种方法。

▶ 单击工具箱中的渐变工具。

▶ 反复按 Shift+G 组合键。

渐变工具包括"线性渐变"按钮、"径向渐变"按钮、"角度渐变"按钮、"对称渐变"按钮和"菱形渐变"按钮。启用"渐变"工具，属性栏将显示如图 4-107 所示的状态。

图 4-107

在渐变工具属性栏中，"点按可编辑渐变"按钮

用于选择和编辑渐变的色彩；选项用于选择各类型的渐变工具；"模式"选项用于选择着色的模式；"不透明度"选项用于设定不透明度；"反向"选项用于产生反向色彩渐变的效果；"仿色"选项用于使渐变更平滑；"透明区域"选项用于产生不透明度。

如果要自行编辑渐变形式和色彩，可单击"点按可编辑渐变"按钮，在弹出的如图 4-108 所示的"渐变编辑器"对话框中进行操作即可。

（1）设置渐变颜色：在"渐变编辑器"对话框中，单击颜色编辑框下边的适当位置，可以增加颜色，如图 4-109 所示。颜色可以进行调整，在下面的"颜色"选项中选择颜色，或双击刚建立的颜色按钮，弹出颜色"拾色器"对话框，如图 4-110 所示，在其中选择适合的颜色，单击"确定"按钮，颜色即可改变。颜色的位置也可以进行调整，在"位置"选项中输入数值或用鼠标直接拖曳颜色滑块，都可以调整颜色的位置。

图 4-108

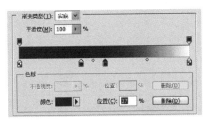

图 4-119

图 4-110

任意选择一个颜色滑块,如图 4-111 所示,单击下面的"删除"按钮,或按 Delete 键,可以将颜色删除,如图 4-112 所示。

图 4-111

图 4-112

在"渐变编辑器"对话框中,单击颜色编辑框左上方的黑色按钮,如图 4-113 所示,再调整"不透明度"选项,可以使开始的颜色到结束的颜色显示透明的效果,如图 4-114 所示。

图 4-113

图 4-114

在"渐变编辑器"对话框中,单击颜色编辑框的上方,会出现新的色标,如图 4-115 所示。调整"不透明度"选项,可以使新色标的颜色向两边的颜色出现过渡式的透明效果,如图 4-116 所示。如果想删除终点,单击下面的"删除"按钮,或按 Delete 键,即可将终点删除。

图 4-115

图 4-116

(2)使用渐变工具:选择不同的渐变工具 ,在图像中单击并按住鼠标左键,拖曳鼠标到适当的位置,松开鼠标左键,可以绘制出不同的渐变效果,如图 4-117 所示。

图 4-117

2. 油漆桶工具

启用"油漆桶"工具,有以下两种方法。

▶ 单击工具箱中的"油漆桶"工具。

▶ 反复按 Shift+G 键。

启用"油漆桶"工具,属性栏将显示如图 4-118

所示的状态。

图 4-118

在油漆桶工具属性栏中,"填充"选项用于选择填充的是前景色或是图案;"图案"选项用于选择定义好的图案;"模式"选项用于选择着色的模式;"不透明度"选项用于设定不透明度;"容差"选项用于设定色差的范围,数值越小,容差越小,填充的区域也越小;"消除锯齿"选项用于消除边缘锯齿;"连续的"选项用于设定填充方式;"所有图层"选项用于选择是否对所有可见层进行填充。

使用油漆桶工具:启用"油漆桶"工具,在油漆桶工具属性栏中对"容差"选项进行设定,原图像效果如图 4-119 所示。用油漆桶工具在图像中填充,不同的填充效果如图 4-120 和图 4-121 所示。

图 4-119

图 4-120

图 4-121

4.3.2 填充命令

1. 填充命令对话框

填充命令可以对选定的区域进行填色。选择"编辑 → 填充"命令,系统将弹出"填充"对话框,如图4-122所示。

图 4-122

在对话框中:"使用"选项用于选择填充方式,包括使用前景色、背景色、内容识别、图案、历史记录、黑色、50%灰色、白色和自定图案进行填充;"模式"选项用于设置填充模式;"不透明度"选项用于调整不透明度。

2. 填充颜色

打开一幅图像,在图像中绘制出选区,效果如图4-123所示。选择"编辑 → 填充"命令,弹出"填充"对话框,如图4-124所示进行设定,单击"确定"按钮,填充的效果如图4-125所示。

图 4-123

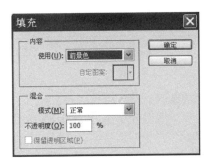

图 4-124

图 4-125

技巧:

按 Alt+Backspace 组合键,将使用前景色填充选区或图层;按 Ctrl+Backspace 组合键,将使用背景色填充选区或图层;按 Delete 键,将删除选区内的图像,露出背景色或下面的图像。

打开一幅图像并绘制出要定义为图案的选区,如图4-126所示。选择"编辑 → 定义图案"命令,弹出"图案名称"对话框,如图4-127所示,单击"确定"按钮,图案定义完成。按 Ctrl+D 组合键,取消图像选区。

图 4-126

图 4-127

选择"编辑 → 填充"命令,弹出"填充"对话框,在"自定图案"选项中选择新定义的图案,如图4-128所示进行设定,单击"确定"按钮,填充的效果如图4-129所示。

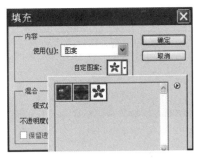

图 4-128

图 4-129

4.3.3 描边命令

1. 描边命令对话框

描边命令可以将选定区域的边缘用前景色描绘出来。选择"编辑 → 描边"命令,弹出"描边"对话框,如图 4-130 所示。

图 4-130

在对话框中,"描边"选项组用于设定边线的宽度和边线的颜色;"位置"选项组用于设定所描边线相对于区域边缘的位置,包括内部、居中、居外 3 个选项;"混合"选项组用于设置描边模式和不透明度。

2. 制作描边效果

打开一幅图像,使用"磁性套索"工具 沿杯子的边缘绘制出需要的选区,如图 4-131 所示。

图 4-131

选择"编辑 → 描边"命令,弹出"描边"对话框,如

图 4-132 所示进行设定,单击"确定"按钮,按 Ctrl+D 组合键,取消选区,描边的效果如图 4-133 所示。

图 4-132

图 4-133

4.3.4 课堂案例——人物凭空消失

【**学习目标**】学习使用选取工具绘制选区,并使用 Photoshop CS5 中的新功能"内容识别"作出需要的效果。

【**知识要点**】使用套索工具、填充命令,最终效果如图 4-134 所示。

图 4-134

【**操作步骤**】

(1) 按 Ctrl+O 组合键,打开素材。选择"套索"工具,在图像窗口中的适当位置绘制一个选区,效果如图 4-135 所示。

图 4-135

（2）我们要将左边的人从图像中提取出来。使用套索工具将人物选区绘制出来。使用内容识别填充的时候，我们不需要做一个精确的选区，效果如图 4-136 所示。

图 4-136

（3）选择菜单中的编辑－填充"Shift＋F5" /"Shift

＋退格键"。弹出一个填充对话框，确认正在使用的功能是内容识别，模式为正常，不透明度 100%。点击确定，如图 4-137 所示。

图 4-137

（4）最终效果如图 4-138 所示。

图 4-138

4.5 上机练习

练习 漫天礼花

如图 4-139 所示为一张夜景照片，为照片添加更多的烟花。

【操作步骤提示】

（1）选择"仿制图章工具"，打开"仿制源"调板，以图片中的礼花作为仿制源。

（2）分别设置不同的仿制比例、旋转角度以及不透明度，使用"仿制图章工具"在图片中复制多个礼花。

图 4-139

第五章

编辑图像

本章将详细介绍 Photoshop CS5 的图像编辑功能。对编辑图像的方法和技巧进行了更系统的讲解。读者通过学习需要了解并掌握图像的编辑方法和应用技巧,为进一步的编辑和处理图像打下坚实的基础。

 学习任务

- 图像编辑工具的使用
- 图像的移动、复制和删除

- 图像的裁剪和图像的变换

5.1 图像编辑工具的使用

使用图像编辑工具对图像进行编辑和整理,可以提高用户编辑和处理图像的效率。

5.1.1 注释工具

注释工具可以为图像增加注释,从而起到提示作用,其中包括文字附注和数字计数。启用"注释"工具 ⬚,有以下几种方法。

▶ 单击工具箱中的"注释"工具 ⬚。

▶ 反复按 Shift+I 组合键。

启用"注释"工具 ⬚,属性栏将显示如图 5-1 所示的状态。

图 5-1

在注释工具属性栏中,"作者"选项用于输入作者姓名;"颜色"选项用于设置注释窗口的颜色;"清除全部"按钮用于清除所有注释;"显示或隐藏注释面板"按钮 ⬚ 用于隐藏或打开注释面板,编辑注释文字。

5.1.2 标尺工具

标尺工具可以在图像中测量任意两点之间的距离,并可以用来测量角度。启用"标尺"工具 ⬚,有以下几种方法。

▶ 单击工具箱中的"标尺"工具 ⬚。

▶ 反复按 Shift+I 组合键。

启用"标尺"工具 ⬚,其具体数值显示在如图 5-2 所示的标尺工具属性栏和信息控制面板中。利用标尺工具可以进行精确的图形图像绘制。

图 5-2

1. 使用标尺工具

打开一幅图像,选择"标尺"工具 ⬚,将光标放到图像中,显示标尺图标。在图像中单击确定测量的起点,拖曳鼠标出现测量的线段,再次单击左键,在适当的位置确定测量的终点,效果如图 5-3 所示,测量的结果就会显示出来。"信息"控制面板中的内容和标尺工具属性栏中的内容是相同的,如图 5-4 和图 5-5 所示。

图 5-3

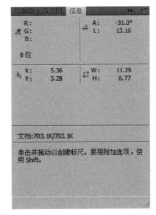

图 5-4

图 5-5

2. 介绍"信息"控制面板

"信息"控制面板可以显示图像中鼠标指针所在位置的信息和图像中选区的大小。选择"窗口 → 信息"命令,弹出"信息"控制面板,如图 5-6 所示。

图 5-6

在"信息"控制面板中,"RGB"数值表示光标在图像中所在色彩区域的相应 RGB 色彩值;"A、L"数值表示光标在当前图像中所处的角度;"X、Y"数值表示光标在当前图像中所处的坐标值;"W、H"数值表示图像选区的宽度和高度。

5.1.3 课堂案例——校正倾斜的照片

【学习目标】学习使用标尺和裁切类工具制作出需要的效果。

【知识要点】使用标尺工具、任意角度命令和裁剪工具校正倾斜照片,最终效果如图 5-7 所示。

图 5-7

(1) 按 Ctrl+O 组合键,打开素材文件,如图 5-8 所示。将"背景"图层拖曳到"图层"控制面板下方的"创建新图层"按钮 上进行复制,生成"背景 副本"图层。

图 5-8

(2) 选择"标尺"工具 ,沿照片天际线绘制一条直线,效果如图 5-9 所示。选择"图像 → 图像旋转→任意角度"命令,弹出"旋转画布"对话框,各选项均设置为默认(其中"角度"选项中的数值为刚才绘制直线的角度值,绘制不同角度的直线,此处显示的数值也会相应的发生改变),如图 5-10 所示,单击"确定"按钮,效果如图 5-11 所示。

图 5-9

图 5-10

图 5-11

(3) 选择"裁剪"工具 ,在图像窗口中拖曳出需要保留的部分照片,如图 5-12 所示,按 Enter 键确认操作,效果如图 5-13 所示。校正倾斜的照片效果制作完成。

图 5-12

图 5-13

5.1.4 抓手工具

抓手工具可以用来移动图像,以改变图像在窗口

中的显示位置。启用"抓手"工具,有以下几种
方法。

▶ 单击工具箱中的"抓手"工具。

▶ 按 H 键。

▶ 按住 Spacebar(空格)键。

启用"抓手"工具,属性栏的显示状态如图
5-14所示。通过单击属性栏中的 4 个按钮,即可调整
图像的显示效果。双击工具箱中的"抓手"工具,
将自动调整图像大小以适合屏幕的显示范围。

图 5-14

5.2 图像的移动、复制和删除

在 Photoshop CS5 中,可以非常便捷地移动、复制和删除图像。下面将具体讲解图像的移动、复制和删除
方法。

5.2.1 图像的移动

要想在操作过程中随时按需要移动图像,就必须
掌握移动图像的方法。

1. 移动工具

移动工具可以将图层中的整幅图像或选定区域
中的图像移动到指定位置。启用"移动"工具,有
以下几种方法。

▶ 单击工具箱中的"移动"工具。

▶ 按 V 键。

启用"移动"工具,属性栏的显示状态如图
5-15 所示。

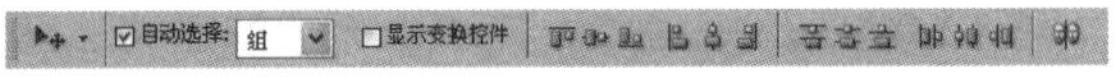

图 5-15

在移动工具属性栏中,"自动选择图层"选项用于
自动选择光标所在的图像层;"显示变换控件"选项用
于对选取的图层进行各种变换;属性栏中还提供了几
种图层排列和分布方式的按钮。

2. 移动图像

在移动图像前,要选择移动的图像区域,如果不
选择图像区域,将移动整个图像。移动图像,有以下
几种方法。

▶ 使用移动工具移动图像。

打开一幅图像,使用"矩形选框"工具绘制出
要移动的图像区域,如图 5-16 所示。

启用"移动"工具,将光标放在选区中,光标变

为 图标,单击并按住鼠标左键,拖曳鼠标到适当的
位置,选区内的图像被移动,原来的选区位置被背景
色填充,效果如图 5-17 所示。按 Ctrl＋D 组合键,取
消选区,移动完成。

图 5-16

图 5-17

▶ 使用菜单命令移动图像。

打开一幅图像,使用"椭圆选框"工具绘制出

要移动的图像区域,如图 5-18 所示,选择"编辑 → 剪切"命令或按 Ctrl＋X 组合键,选区被背景色填充,效果如图 5-19 所示。

图 5-18

图 5-19

选择"编辑 → 粘贴"命令或按 Ctrl＋V 组合键,将选区内的图像粘贴在图像的新图层中,使用"移动"工具![移动]可以移动新图层中的图像,效果如图 5-20、图 5-21 所示。

图 5-20

图 5-21

▶ 使用快捷键移动图像。

打开一幅图像,使用"椭圆选框"工具![椭圆]绘制出要移动的图像区域。

启用"移动"工具![移动],按 Ctrl＋方向组合键,可以将选区内的图像沿移动方向移动 1 像素,如图5-22所示;按 Shift＋方向组合键,可以将选区内的图像沿移动方向移动 10 像素,如图 5-23 所示。

图 5-22

图 5-23

提示:

如果想将当前图像中选区内的图像移动到另一幅图像中,只要使用"移动"工具 将选区内的图像拖曳到另一幅图像中即可。使用相同的方法也可以将当前图像拖曳到另一幅图像中。

5.2.2 图像的复制

要想在操作过程中随时按需要复制图像,就必须掌握复制图像的方法。在复制图像前,要选择需要复制的图像区域,如果不选择图像区域,将不能复制图像。复制图像,有以下几种方法。

▶ 使用移动工具复制图像。

打开一幅图像,使用"椭圆选框"工具![椭圆]绘制出要复制的图像区域。

启用"移动"工具![移动],将光标放在选区中,光标变为![图标]图标,按住 Alt 键,光标变为![图标]图标,同时单击并按住鼠标左键,拖曳选区内的图像到适当的位置,松开鼠标左键和 Alt 键,图像复制完成。按 Ctrl＋D 组合键,取消选区,效果如图 5-24 所示。

图 5-24

▶ 使用菜单命令复制图像。

打开一幅图像,使用"椭圆选框"工具 ◯ 绘制出要复制的图像区域,选择"编辑 → 拷贝"命令或按 Ctrl＋C 组合键,将选区内的图像复制。这时屏幕上的图像并没有变化,但系统已将复制的图像粘贴到剪贴板中。

选择"编辑 → 粘贴"命令或按 Ctrl＋V 组合键,将选区内的图像粘贴在生成的新图层中,这样复制的图像就在原图的上面一层了,使用"移动"工具 ▶⊕ 移动复制的图像,如图 5-25 所示。

图 5-25

▶ 使用快捷键复制图像。

打开一幅图像,使用"椭圆选框"工具 ◯ 绘制出要复制的图像区域。按住 Ctrl＋Alt 组合键,光标变

为 ▶ 图标,同时单击并按住鼠标左键,拖曳选区内的图像到适当的位置,松开鼠标左键、Ctrl 键和 Alt 键,图像复制完成。按 Ctrl＋D 组合键,取消选区。

5.2.3 图像的删除

要想在操作过程中随时按需要删除图像,就必须掌握删除图像的方法。在删除图像前,要选择需要删除的图像区域,如果不选择图像区域,将不能删除图像。删除图像有以下几种方法。

▶ 使用菜单命令删除图像。

打开一幅图像,使用"椭圆选框"工具 ◯ 绘制出要删除的图像区域,选择"编辑 → 清除"命令,将选区内的图像删除。按 Ctrl＋D 组合键,取消选区,效果如图 5-26 所示。

图 5-26

提示:

删除后的图像区域由背景色填充。如果是在图层中,删除后的图像区域将显示下面一层的图像。

▶ 使用快捷键删除图像。

打开一幅图像,使用"椭圆选框"工具绘制出要删除的图像区域,按 Delete 键或 Backspace 键,将选区内的图像删除。按 Ctrl＋D 组合键,取消选区,效果如图 5-26 所示。

5.3 图像的裁剪和图像的变换

通过图像的裁剪和图像的变换,可以设计制作出丰富多变的图像效果。下面将具体讲解图像裁剪和变换的方法。

5.3.1 图像的裁剪

在实际的设计制作工作中,经常有一些图片的构图和比例不符合设计要求,这就需要对这些图片进行裁剪。

1. 裁剪工具

裁剪工具可以在图像或图层中剪裁所选定的区域。图像区域选定后,在选区边缘将出现 8 个控制手柄,用于改变选区的大小,还可以用鼠标旋转选区。选区确定之后,双击选区或单击工具箱中的其他任意一个工具,然后在弹出的裁剪提示框中单击"裁剪"按钮,即可完成裁剪。

启用"裁剪"工具 ,有以下几种方法。

▶ 单击工具箱中的"裁剪"工具 。

▶ 按 C 键。

启用"裁剪"工具 ,属性栏将显示如图 5-27 所示的状态。

图 5-27

"屏蔽"选项用于设定是否区别显示裁剪与非裁剪的区域;"颜色"选项用于设定非裁剪区的显示颜色;"不透明度"选项用于设定非裁剪区颜色的不透明度;"透视"选项用于设定图像或裁剪区的中心点。

2. 裁剪图像

▶ 使用裁剪工具裁剪图像。

打开一幅图像,启用"裁剪"工具 ,在图像中单击并按住鼠标左键,拖曳鼠标到适当的位置,松开鼠标,绘制出矩形裁剪框,如图 5-28 所示。

在矩形裁剪框内双击或按 Enter 键,都可以完成图像的裁剪,效果如图 5-29 所示。

图 5-28

图 5-29

对已经绘制出的矩形裁剪框可以进行移动,将光标放在裁剪框内,光标变为小箭头图标 ,单击并按

住鼠标左键拖曳裁剪框,可以移动裁剪框,如图 5-30 所示。

图 5-30

对已经绘制出的矩形裁剪框可以调整大小,将光标放在裁剪框 4 个角的控制手柄上,光标会变为双向箭头图标 ,单击并按住鼠标左键拖曳控制手柄,可以调整裁剪框的大小。

对已经绘制出的矩形裁剪框可以进行旋转,将光标放在裁剪框 4 个角的控制手柄外边,光标会变为旋转图标,单击并按住鼠标左键旋转裁剪框,如图 5-31 所示。单击并按住鼠标左键拖曳旋转裁剪框的中心点 ,可以移动旋转中心点。通过移动旋转中心点可以改变裁剪框的旋转方式。按 Esc 键,可以取消绘制出的裁剪框;按 Enter 键,可以裁剪旋转裁剪框内的图像,效果如图 5-32 所示。

图 5-31

图 5-32

▶ 使用菜单命令裁剪图像。

使用"矩形选框"工具 ,在图像中绘制出要裁剪的图像区域,如图 5-33 所示。选择"图像 → 裁剪"

命令,图像按选区进行裁剪,按 Ctrl＋D 组合键,取消选区,效果如图 5-34 所示。

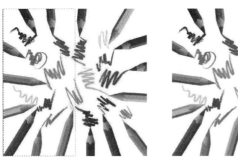

图 5-33　　　　　　　图 5-34

5.3.2 图像画布的变换

要想根据设计制作的需要改变画布的大小。就必须掌握图像画布的变换方法。

图像画布的变换将对整个图像起作用。选择"图像 → 图像旋转"命令的下拉菜单,如图 5-35 所示,可以对整个图像进行编辑。

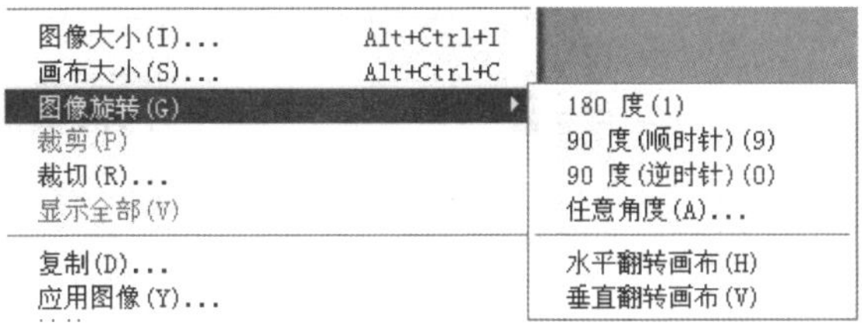

图像大小(I)...	Alt+Ctrl+I
画布大小(S)...	Alt+Ctrl+C
图像旋转(G)	▶
裁剪(P)
裁切(R)...
显示全部(V)

180 度(1)
90 度(顺时针)(9)
90 度(逆时针)(0)
任意角度(A)...

水平翻转画布(H)
垂直翻转画布(V)

复制(D)...
应用图像(Y)...

图 5-35

画布旋转固定角度后的效果,如图 5-36 所示。

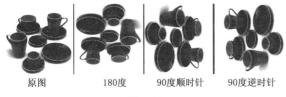

原图　　　180度　　　90度顺时针　　90度逆时针

图 5-36

选择"任意角度"命令,弹出"旋转画布"对话框,如图 5-37 所示,设定任意角度后的画布效果如图 5-38 所示。

旋转画布

角度(A): 72　　◉度(顺时针)(C)　　确定
　　　　　　　○度(逆时针)(W)　　取消

图 5-37

图 5-38

画布水平翻转、垂直翻转后的效果如图 5-39、图 5-40 所示。

图 5-39

图 5-40

5.3.3 图像选区的变换

在操作过程中可以根据设计和制作需要变换已经绘制好的选区。

在图像中绘制好选区,选择"编辑 → 自由变换"或"变换"命令,可以对图像的选区进行各种变换。"变换"命令的下拉菜单如图 5-41 所示。

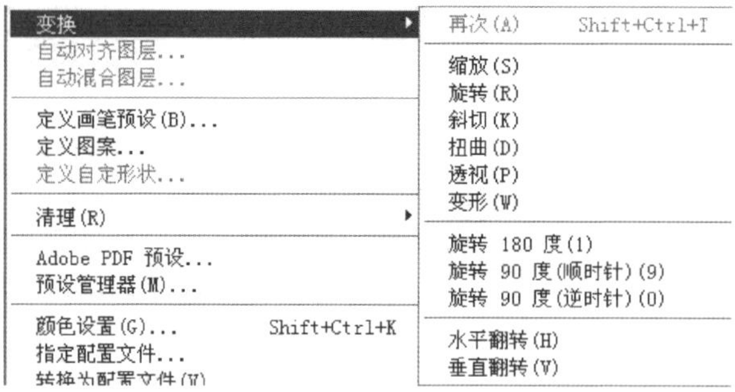

变换	▶	再次(A)	Shift+Ctrl+T
自动对齐图层...			
自动混合图层...		缩放(S)	
		旋转(R)	
定义画笔预设(B)...		斜切(K)	
定义图案...		扭曲(D)	
定义自定形状...		透视(P)	
		变形(W)	
清理(R)	▶		
		旋转 180 度(1)	
Adobe PDF 预设...		旋转 90 度(顺时针)(9)	
预设管理器(M)...		旋转 90 度(逆时针)(0)	
颜色设置(G)...	Shift+Ctrl+K		
指定配置文件...		水平翻转(H)	
转换为配置文件(V)		垂直翻转(V)	

图 5-41

图像选区的变换,有以下几种方法。

使用菜单命令变换图像的选区。

▶ 打开一幅图像,使用"椭圆选框"工具 绘制出选区。选择"编辑 → 变换 → 缩放"命令,拖曳变换框的控制手柄,可以对图像选区进行自由缩放,如图5-42 所示。

图 5-42

▶ 选择"编辑 → 变换 → 旋转"命令,拖曳变换框,可以对图像选区进行自由旋转,如图 5-43 所示。

图 5-43

▶ 选择"编辑 → 变换 → 斜切"命令,拖曳变换框的控制手柄,可以对图像选区进行斜切调整,如图

5-44 所示。

图 5-44

▶ 选择"编辑 → 变换 → 扭曲"命令,拖曳变换框的控制手柄,可以对图像选区进行扭曲调整,如图5-45 所示。

图 5-45

▶ 选择"编辑 → 变换 → 透视"命令,拖曳变换框的控制手柄,可以对图像选区进行透视调整,如图5-46 所示。

图 5-46

▶ 选择"编辑 → 变换 → 变形"命令,拖曳变换框的控制手柄,可以对图像选区进行变形调整,如图5-47 所示。

图 5-47

同理,选择"编辑 → 变换 → 缩放"命令,再选择

旋转 180°、旋转 90°(顺时针)、旋转 90°(逆时针)、"水平翻转"和"垂直翻转"菜单命令,可以直接对图像选区进行角度的调整。

提示:

按 Ctrl+T 组合键,拖曳变换框的控制手柄,可以对图像选区进行自由缩放。按住 Shift 键,拖曳变换框的控制手柄,可以等比例缩放图像。如果在变换后仍要保留原图像的内容,按 Ctrl+Alt+T 组合键的同时,拖曳变换框的控制手柄,原图像的内容会保留下来。

第六章

调整图像的色彩和色调

调整图像色彩是 Photoshop CS5 的强项，也是必须掌握的一项功能。本章将全面系统地讲解调整图像色彩的知识。读者通过学习要了解并掌握调整图像色彩的方法和技巧，并能将所学功能灵活应用到实际的设计制作任务中去。

 学习任务

- 调整
- 色阶和自动色阶
- 自动对比度和自动颜色
- 曲线
- 色彩平衡
- 亮度/对比度
- 色相/饱和度
- 去色、匹配颜色、替换颜色和可选颜色

- 通道混合器和渐变映射
- 照片滤镜
- 阴影/高光
- 反相和色调均化
- 阈值和色调分离
- 变化
- 上机练习

6.1 调整

选择"图像 → 调整"命令,弹出调整命令的下拉菜单,如图 6-1 所示。调整命令可以用来调整图像的层次、对比度及色彩变化。

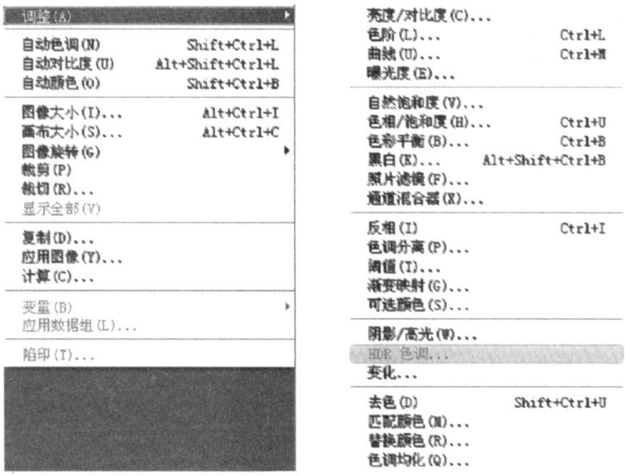

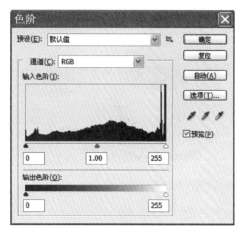

图 6-1

6.2 色阶和自动色阶

色阶和自动色阶命令可以调节图像的对比度、饱和度和灰度。

6.2.1 色阶

"色阶"命令,用于调整图像的对比度、饱和度及灰度。打开一幅图像,如图 6-2 所示,选择"色阶"命令,或按 Ctrl+L 组合键,弹出"色阶"命令对话框,如图 6-3 所示。

在对话框中,中央是一个直方图,其横坐标为 0～255,表示亮度值;纵坐标为图像像素数。

(1) "通道"选项:可以从其下拉菜单中选择不同的通道来调整图像,如果想选择两个以上的色彩通道,要先在"通道"控制面板中选择所需要的通道,再打开"色阶"对话框。

图 6-3

(2) "输入色阶"选项:控制图像选定区域的最暗和最亮色彩,通过输入数值或拖曳三角滑块来调整图像。左侧的数值框和左侧的黑色三角滑块用于调整黑色,图像中低于该亮度值的所有像素将变为黑色;中间的数值框和中间的灰色滑块用于调整灰度,其数值范围为 0.1～9.99。1.00 为中性灰度,数值大于1.00 时,将降低图像中间灰度;小于 1.00 时,将提高图像中间灰度;右侧的数值框和右侧的白色三角滑块用于调整白色,图像中高于该亮度值的所有像素将变

图 6-2

为白色。

下面为调整输入色阶的 3 个滑块后,图像产生的不同色彩效果,如图 6-4~图 6-7 所示。

图 6-4

图 6-5

图 6-6

图 6-7

(3)"输出色阶"选项:可以通过输入数值或拖曳三角滑块来控制图像的亮度范围(左侧数值框和左侧

黑色三角滑块用于调整图像最暗像素的亮度,右侧数值框和右侧白色三角滑块用于调整图像最亮像素的亮度),输出色阶的调整将增加图像的灰度,降低图像的对比度。

(4)"预览"选项:选中该复选框,可以即时显示图像的调整结果。

下面为调整输出色阶两个滑块后,图像产生的不同色彩效果,如图 6-8、图 6-9 所示。

图 6-8

图 6-9

(5)"自动"按钮:可自动调整图像并设置层次。单击"选项"按钮,弹出"自动颜色校正选项"对话框,可以看到系统将以 0.10% 来对图像进行加亮和变暗,如图 6-10 所示。

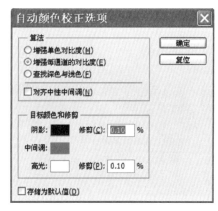

图 6-10

　　按住 Alt 键,"取消"按钮变成"复位"按钮,单击"复位"按钮可以将刚调整过的色阶复位还原,重新进行设置。

　　3 个吸管工具 分别是黑色吸管工具、灰色吸管工具和白色吸管工具。选中黑色吸管工具,用黑色吸管工具在图像中单击,图像中暗于单击点的所有像素都会变为黑色;用灰色吸管工具在图像中单击,单击点的像素都会变为灰色,图像中的其他颜色

也会随之相应调整;用白色吸管工具在图像中单击,图像中亮于单击点的所有像素都会变为白色。双击吸管工具,可在颜色"拾色器"对话框中设置吸管颜色。

6.2.2 自动色阶

　　"自动色阶"命令,可以对图像的色阶进行自动调整。系统将以 0.10% 来对图像进行加亮和变暗。按住 Shift＋Ctrl＋L 组合键,可以对图像的色阶进行自动调整。

6.3 自动对比度和自动颜色

　　Photoshop CS5 可以对图像的对比度和颜色进行自动调整。

6.3.1 自动对比度

　　"自动对比度"命令,可以对图像的对比度进行自动调整。按 Alt＋Shift＋Ctrl＋L 组合键,可以启动"自动对比度"命令。

6.3.2 自动颜色

　　"自动颜色"命令,可以对图像的色彩进行自动调整。按 Shift＋Ctrl＋B 组合键,可以启动"自动颜色"命令。

6.4 曲线

　　"曲线"命令,可以通过调整图像色彩曲线上的任意一个像素点来改变图像的色彩范围。下面将进行具体的讲解。

　　打开一幅图像,选择"曲线"命令,或按 Ctrl＋M 组合键,弹出"曲线"对话框,如图 6-11 所示。将鼠标指针移到茶杯图像中,单击鼠标左键,"曲线"对话框的图表中会出现一个小方块,它表示刚才在图像中单击处的像素数值,如图 6-12 所示。

图 6-12

　　在对话框中,"通道"选项可以用来选择调整图像的颜色通道。

　　图表中的 X 轴为色彩的输入值,Y 轴为色彩的输出值。曲线代表了输入和输出色阶的关系。

　　绘制曲线工具 ,在默认状态下使用的是 工具,使用它在图表曲线上单击,可以增加控制点,按住鼠标左键拖曳控制点可以改变曲线的形状,拖曳控

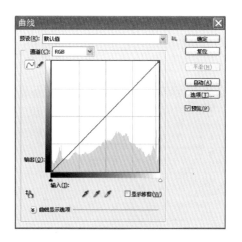

图 6-11

制点到图表外将删除控制点。使用 ![pen]工具可以在图表中绘制出任意曲线,单击右侧的"平滑"按钮可使曲线变得平滑。按住 Shift 键,使用 ![pen]工具可以绘制出直线。

输入和输出数值显示的是图表中光标所在位置的亮度值。

"自动"按钮可自动调整图像的亮度。

下面为调整曲线后的图像效果,如图 6-13～图 6-17 所示。

图 6-15

图 6-13

图 6-16

图 6-14

图 6-17

6.5　色彩平衡

"色彩平衡"命令,用于调节图像的色彩平衡度。选择"色彩平衡"命令,或按 Ctrl＋B 组合键,弹出"色彩平衡"对话框,如图 6-18 所示。

在对话框中,"色调平衡"选项组用于选取图像的阴影、中间调、高光选项。"色彩平衡"选项组用于在上述选区中添加过渡色来平衡色彩效果,拖曳三角滑块可以调整整个图像的色彩,也可以在"色阶"选项的数值框中输入数值调整整个图像的色彩。"保持亮度"选项用于保持原图像的亮度。

下面为调整色彩平衡后的图像效果,如图 6-19、图 6-20 所示。

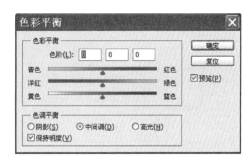

图 6-18

图 6-19   图 6-20

6.6 亮度/对比度

"亮度/对比度"命令,可以调节图像的亮度和对比度。选择该命令,弹出"亮度/对比度"对话框,如图6-21所示。在对话框中,可以通过拖曳滑块来调整图像的亮度和对比度,该命令调整的是整个图像的色彩。

打开一幅图像,如图 6-22 所示。设置图像的亮度/对比度,如图 6-23 所示,单击"确定"按钮,效果如图 6-24 所示。

图 6-23

图 6-21

图 6-22

图 6-24

6.7 色相/饱和度

"色相/饱和度"命令,可以调节图像的色相和饱和度。选择该命令,或按Ctrl+U组合键,弹出"色相/饱和度"对话框,如图6-25所示。

在对话框中,"编辑"选项用于选择要调整的色彩范围,可以通过拖曳各项中的滑块来调整图像的色

彩、饱和度和明度;"着色"选项用于在由灰度模式转化而来的色彩模式图像中添加需要的颜色。

选中"着色"选项的复选框,调整"色相/饱和度"对话框,如图6-26所示,单击"确定"按钮,效果如图6-27所示。

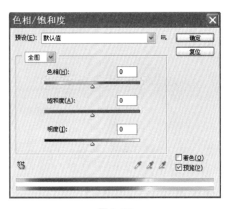

图 6-25

图 6-26

图 6-27

在"色相/饱和度"对话框的"编辑"选项中选择"蓝色",拖曳两条色带间的滑块,使图像的色彩更符合要求,如图 6-28 所示,单击"确定"按钮,效果如图 6-29 所示。

图 6-28

图 6-29

技巧:

按住 Alt 键,"色相/饱和度"对话框中的"取消"按钮变为"复位"按钮,单击"复位"按钮,可以对"色相/饱和度"对话框重新设置。此方法也适用下面要讲解的颜色命令。

6.8 去色、匹配颜色、替换颜色和可选颜色

应用去色、匹配颜色、替换颜色和可选颜色命令可以便捷地改变图像的颜色。

6.8.1 去色

"去色"命令能够去除图像中的颜色。选择"去色"命令,或按 Shift+Ctrl+U 组合键,使图像变为灰度图,但图像的色彩模式并不改变。"去色"命令可

以对图像的选区使用,将选区中的图像进行去掉图像色彩的处理。

6.8.2 匹配颜色

"匹配颜色"命令用于对色调不同的图片进行调

整,统一成一个协调的色调,在做图像合成的时候非常方便实用。

打开两幅不同色调的图片,如图6-30、图6-31所示。选择需要调整的图片,选择"匹配颜色"命令,弹出"匹配颜色"对话框,如图6-32所示。在"匹配颜色"对话框中,需要先在"源"选项中选择匹配文件的名称,然后再设置其他各选项,对图片进行调整。

图6-30

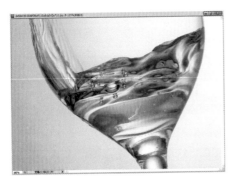

图6-31

图6-32

在"目标"选项中显示了所选择匹配文件的名称。如果当前调整的图中有选区,选中"应用调整时忽略选区"选项,可以忽略图中的选区调整整张图像

的颜色;不选中"应用调整时忽略选区"选项,可以调整图中选区内的颜色。在"图像选项"选项组中,可以通过拖动滑块来调整图像的"明亮度""颜色强度""渐隐"的数值,并设置"中和"选项,用来确定调整的方式。在"图像统计"选项组中可以设置图像的颜色来源。

调整匹配颜色后的图像效果,如图6-33、图6-34所示。

图6-33

图6-34

6.8.3 替换颜色

"替换颜色"命令能够将图像中的颜色进行替换。选择"替换颜色"命令,弹出"替换颜色"对话框,如图6-35所示。可以在"选区"选项组下设置"颜色容差"数值,数值越大,吸管工具取样的颜色范围越大,在"替换"选项组下调整图像颜色的效果越明显。选中"选区"单选框,可以创建蒙版并通过拖曳滑块来调整蒙版内图像的色相、饱和度和明度。

用吸管工具在图像中取样颜色,调整图像的色相、饱和度和明度,"替换颜色"对话框如图6-36所示,取样的颜色被替换成新的颜色,如图6-37所示。单击"颜色"选项和"结果"选项的色块,都会弹出"拾色器"对话框,可以在对话框中输入数值设置精确颜色。

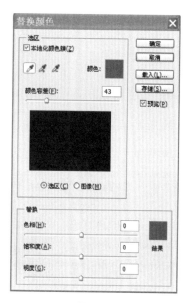

图 6-35

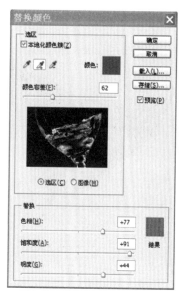

图 6-36

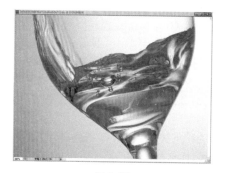

图 6-37

6.8.4 课堂案例——更换衣服颜色

【学习目标】学习使用图像菜单下的替换颜色命令制作出需要的效果。

【知识要点】使用套锁工具和替换颜色命令更换人物衣服颜色,效果如图 6-38 所示。

图 6-38

(1) 按 Ctrl+O 组合键,打开素材文件,如图 6-39所示。

图 6-39

(2) 选择"图像 → 调整 → 替换颜色"命令,弹出"替换颜色"对话框,在图像窗口中适当的位置单击鼠标左键,选中"添加到取样"按钮，再次在图像窗口中的不同深浅程度的蓝色区域单击鼠标左键,与鼠标单击处颜色相同或相近的区域在"替换颜色"对话框中显示为白色,其他选项的设置如图 6-40 所示,单击"确定"按钮,衣服颜色更换完成,效果如图 6-41 所示。

图 6-40

图 6-42

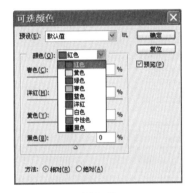

图 6-43

图 6-41

6.8.5 可选颜色

"可选颜色"命令能够将图像中的颜色替换成选择后的颜色。

选择"可选颜色"命令,弹出"可选颜色"对话框,如图 6-42 所示。在"可选颜色"对话框中,"颜色"选项的下拉列表中可以选择图像中含有的不同色彩,如图 6-43 所示。可以通过拖曳滑块调整青色、洋红、黄色、黑色的百分比,并确定调整方法是"相对"或"绝对"方式。

调整"可选颜色"对话框中的各选项,如图 6-44 所示,调整后图像的效果如图 6-45 所示。

图 6-44

图 6-45

6.9 通道混合器和渐变映射

通道混合器和渐变映射命令用于调整图像的通道颜色和图像的明暗色调。下面将进行具体的讲解。

6.9.1 通道混合器

"通道混合器"命令用于调整图像通道中的颜色。选择"通道混合器"命令,弹出"通道混合器"对话框,如图6-46所示。在"通道混合器"对话框中,"输出通道"选项可以选取要修改的通道;"源通道"选项组可以通过拖曳滑块来调整图像;"常数"选项也可以通过拖曳滑块调整图像;"单色"选项可创建灰度模式的图像。

在"通道混合器"对话框中进行设置,如图6-47所示,单击"确定"按钮,效果如图6-48所示。所选图像的色彩模式不同,则"通道混合器"对话框中的内容也不同。

图6-46

图6-47

图6-48

6.9.2 渐变映射

"渐变映射"命令用于将图像的最暗和最亮色调映射为一组渐变色中的最暗和最亮色调。下面将进行具体的讲解。

打开一幅图像,选择"渐变映射"命令,弹出"渐变映射"对话框,如图6-49所示。在"渐变映射"对话框中,"灰度映射所用的渐变"选项可以选择不同的渐变形式;"仿色"选项用于为转变色阶后的图像增加仿色;"反向"选项用于将转变色阶后的图像颜色反转。

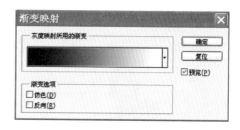

图6-49

在"渐变映射"对话框中进行设置,如图6-50所示,单击"确定"按钮,效果如图6-51所示。

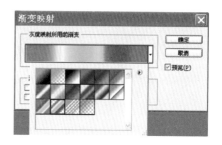

图6-50

图6-51

6.10　照片滤镜

"照片滤镜"命令用于模仿传统相机的滤镜效果处理图像,通过调整图片颜色可以获得各种效果。

打开一张图片,选择"照片滤镜"命令,弹出"照片滤镜"对话框,如图 6-52 所示。在对话框的"滤镜"选项中选择颜色调整的过滤模式。单击"颜色"选项的色块,弹出"拾色器"对话框,可以在对话框中设置精确颜色对图像进行过滤。拖动"浓度"选项的滑块,设置过滤颜色的百分比,效果如图 6-53 所示。

选择"保留明度"选项进行调整时,图片的明亮度保持不变,取消选择此项,则图片的全部颜色都随之改变,如图 6-54、图 6-55 所示。

图 6-52

图 6-54

图 6-53

图 6-55

6.11　阴影/高光

"阴影/高光"命令用于快速改善图像中曝光过度或曝光不足区域的对比度,同时保持照片的整体平衡。打开一幅图像,选择"阴影/高光"命令,弹出"阴影/高光"对话框,可以预览到图像的暗部变化,如图 6-56 所示。

在对话框中,在"阴影"选项组的"数量"选项中可拖动滑块设置暗部数量的百分比,数值越大,图像越亮。在"高光"选项组的"数量"选项中也可拖动滑块设置高光数量的百分比,数值越大,图像越暗。"显示更多选项"用于显示或者隐藏其他选项,进一步对各选项组进行精确设置。

图 6-56

6.12 反相和色调均化

反相和色调均化命令用于调整图像的色相和色调。下面将进行具体的讲解。

6.12.1 反相

选择"反相"命令,或按 Ctrl＋I 组合键,可以将图像或选区的像素反转为其补色,使其出现底片效果。

原图及不同色彩模式的图像反相后的效果,如图6-57 所示。

提示:

反相效果是对图像的每一个色彩通道进行反相后的合成效果,不同色彩模式的图像反相后的效果是不同的。

图 6-57

6.12.2 色调均化

"色调均化"命令,用于调整图像或选区像素的过黑部分,使图像变得明亮,并将图像中其他的像素平均分配在亮度色谱中。

选择"色调均化"命令,不同的色彩模式图像将产生不同的图像效果。

6.13 阈值和色调分离

阈值和色调分离命令用于调整图像的色调和将图像中的色调进行分离。下面将进行具体的讲解。

6.13.1 阈值

"阈值"命令可以提高图像色调的反差度。选择"阈值"命令,弹出"阈值"对话框。在"阈值"对话框中拖曳滑块或在"阈值色阶"选项数值框中输入数值,可以改变图像的阈值,系统会使大于阈值的像素变为白色,小于阈值的像素变为黑色,使图像具有高度反差,如图 6-58 所示。

6.13.2 色调分离

"色调分离"命令用于将图像中的色调进行分离。选择"色调分离"命令,弹出"色调分离"对话框。

在"色调分离"对话框中,"色阶"选项可以指定色阶数,系统将以 256 阶的亮度对图像中的像素亮度进行分配。色阶数值越高,图像产生的变化越小。"色调分离"命令主要用于减少图像中的灰度。

图 6-58

不同的色阶数值会产生不同效果的图像,如图6-59、图 6-60 所示。

图 6-59

图 6-60

6.14 变化

"变化"命令用于调整图像的色彩。选择"变化"命令,将弹出"变化"对话框,如图 6-61 所示。

在对话框中,上面中间的 4 个选项,可以控制图像色彩的改变范围,下面设定调整的等级;左上方的两个图像是图像的原稿和调整前挑选的图像稿;左下方的区域是 7 个小图像;可以选择增加不同的颜色效果,调整图像的亮度、饱和度等色彩值;右下方的区域是 3 个小图像,为调整图像亮度的效果。选择"显示修剪"选项的复选框,在图像色彩调整超出色彩空间时显示超色域。

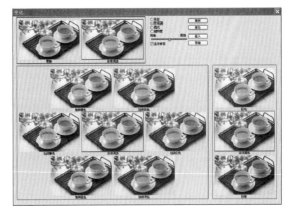

图 6-61

6.15 上机练习

练习1 风景照色调的调整

如图 6-62 所示为一张黄昏的风景照,调整照片的色调,使其变为暖色调,如图 6-63 所示。

【操作步骤提示】

要调整这张照片的色调有多种方法,下面简单介绍几种常用方法。

(1) 使用"色彩平衡"命令,分别调整阴影、中间调和高光区域的颜色。

图 6-63

(2) 使用"色阶"或"曲线"命令分别对红、绿和蓝通道的亮度进行调整。

(3) 使用"照片滤镜"命令,选择应用加温滤镜,同时调整"浓度"的值。

练习2 变色花

如图 6-64 所示为一张花朵的素材图片,请使用不同的图像调整命令,更改花朵的颜色,图像调整后的 3 个效果如图 6-65 所示。

图 6-62

图 6-64

图 6-65

【操作步骤提示】

(1) 效果图中的第 1 个色彩效果可以使用"黑白"命令来制作。

(2) 效果图中的第 2 个色彩效果可以通过使用"色相/饱和度"对话框来调整图像中红色的色相、饱和度和明度。

(3) 效果图中的第 3 个色彩效果,使用"渐变映射"命令获得。使用的是渐变"色谱"渐变样式,并勾选了"反相"复选框。

练习3 青山绿水夜归人

使用色彩和色调调整命令对图 6-66 进行调整,调整后的图像效果,如图 6-67 所示。

图 6-66

图 6-67

【操作步骤提示】

(1) 使用"色彩平衡"命令,增加阴影区域的青色、绿色和黄色;增加中间调区域的青色、洋红和黄色;高光区域适当增加蓝色。

(2) 使用"色阶"命令,将图像适当加亮。

第七章

图层的应用

图层在 Photoshop CS5 中有着举足轻重的作用。只有掌握了图层的概念和操作,才能熟练运用 Photoshop CS5。本章将详细讲解图层的应用方法和操作技巧。读者通过学习要了解并掌握图层的强大功能,并能充分利用好图层来为自己的设计作品增光添彩。

学习任务

- 图层的混合模式
- 图层特殊效果
- 图层的编辑
- 图层的蒙版
- 新建填充和调整图层
- 图层样式
- 上机练习

7.1 图层的混合模式

图层的混合模式命令用于为图层添加不同的模式,使图层产生不同的效果。在"图层"控制面板中,第一个选项 正常 用于设定图层的混合模式,它包含 26 种模式,如图 7-1 所示。

打开两幅图像,如图 7-2、图 7-3 所示,以实例来对各模式进行讲解,用"移动"工具 将人物图像拖曳到背景图像上,调整人物图像的大小,"图层"控制面板中的效果如图 7-4 所示。

图 7-1

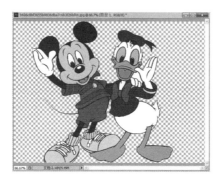

图 7-2

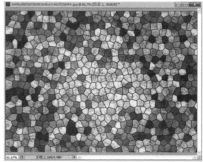

图 7-3

图 7-4

应用不同的混合模式,图像的依次混合效果如图 7-5 所示。

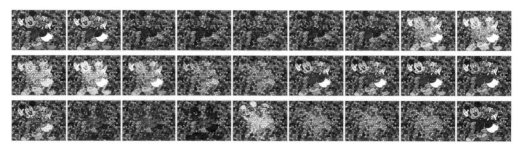

图 7-5

7.2 图层特殊效果

图层特殊效果命令用于为图层添加不同的效果,使图层中的图像产生丰富的变化。

7.2.1 使用图层特殊效果的方法

使用图层特殊效果,有以下几种方法。

▶ 使用"图层"控制面板弹出式菜单:单击"图层"控制面板右上方的图标■■,将弹出其下拉命令菜单。在弹出式菜单中选择"混合选项"命令,弹出"混合选项"对话框,如图 7-6 所示。"混合选项"命令用于对当前图层进行特殊效果的处理。单击其中的任何一个图标,都会弹出相应的效果对话框。

▶ 使用菜单"图层"命令:选择"图层 → 图层样式 → 混合选项"命令,"混合选项"对话框如图 7-6 所示。

图 7-6

▶ 使用"图层"控制面板按钮:单击"图层"控制面板中的按钮 *fx.*,弹出图层特殊效果下拉菜单命令,如图 7-7 所示。

图 7-7

7.2.2 图层特殊效果介绍

下面将对图层的特殊效果分别进行介绍。

1. "样式"命令

"样式"命令用于使当前层产生样式效果。选择此命令会弹出"样式"对话框,如图 7-8 所示。

选择好要应用的样式,单击"确定"按钮,效果将出现在图层中。如果用户制作了新的样式效果也可以将

其保存,单击"新建样式"按钮,弹出"新建样式"对话框,如图 7-9 所示,输入名称后,单击"确定"按钮即可。

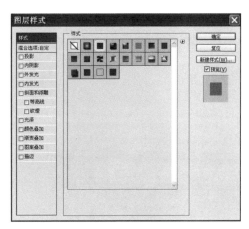

图 7-8

图 7-9

2. "混合选项"命令

"混合选项"命令用于使当前层产生其默认效果。选择命令将弹出"混合选项"对话框,如图 7-10 所示。

图 7-10

在对话框中,"混合模式"选项用于选择混合模式;"不透明度"选项用于设定不透明度;"填充不透明度"选项用于设定填充图层的不透明度;"通道"选项用于选择要混合的通道;"挖空"选项用于设定图层颜色的深浅;"将内部效果混合成组"选项用于将本次的图层效果组成一组;"将剪贴图层混合成组"选项用于将剪贴的图层组成一组;"混合颜色带"选项用于将图

层的设定色彩混合;"本图层"和"下一图层"选项用于
设定当前图层和下一图层颜色的深浅。

3. "投影"命令

"投影"命令用于使当前层产生阴影效果。打开
一张图片,如图 7-11 所示,"图层"控制面板中的效果
如图7-12所示。选择"投影"命令,弹出"投影"对话
框,如图7-13所示。应用"投影"命令后图像效果如图
7-14 所示。

图 7-11

图 7-12

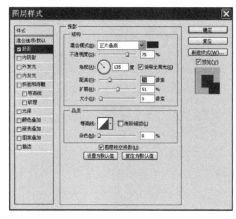

图 7-13

图 7-14

4. "内阴影"命令

"内阴影"命令用于在当前层内部产生阴影效果。
此命令的对话框内容与"投影"对话框内容基本相同。
选择此命令会弹出"内阴影"对话框,如图 7-15 所示。
应用"内阴影"命令后图像效果如图 7-16 所示。

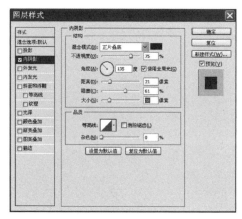

图 7-15

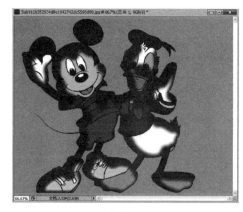

图 7-16

5. "外发光"命令

"外发光"命令用于在图像的边缘外部产生一种辉光

效果。选择此命令会弹出"外发光"对话框,如图 7-17 所示。应用"外发光"命令后图像效果如图 7-18 所示。

图 7-17

图 7-18

6. "内发光"命令

"内发光"命令用于在图像的边缘内部产生一种辉光效果。此命令的对话框内容与"外发光"对话框内容基本相同。选择此命令会弹出"内发光"对话框,如图 7-19 所示。应用"内发光"命令后图像效果如图 7-20 所示。

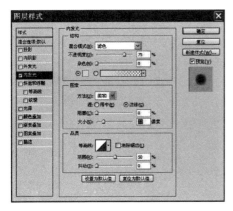

图 7-19

图 7-20

7. "斜面和浮雕"命令

"斜面和浮雕"命令用于使当前层产生一种倾斜与浮雕的效果。选择此命令会弹出"斜面和浮雕"对话框,如图 7-21 所示。应用"斜面和浮雕"命令后图像效果如图 7-22 所示。

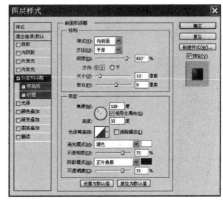

图 7-21

图 7-22

8. "光泽"命令

"光泽"命令用于使当前层产生一种光泽的效果。选择此命令会弹出"光泽"对话框,如图 7-23 所示。

应用"光泽"命令后图像效果如图 7-24 所示。

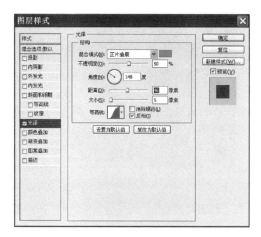

图 7-23

图 7-24

9. "颜色叠加"命令

"颜色叠加"命令用于使当前层产生一种颜色叠加效果。选择此命令会弹出"颜色叠加"对话框,如图 7-25 所示。应用"颜色叠加"命令后图像效果如图 7-26 所示。

图 7-25

图 7-26

10. "渐变叠加"命令

"渐变叠加"命令用于使当前层产生一种渐变叠加效果。选择此命令会弹出"渐变叠加"对话框,如图 7-27 所示。应用"渐变叠加"命令后图像效果如图 7-28 所示。

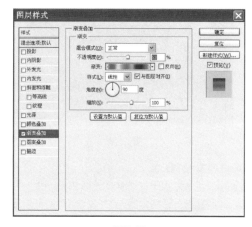

图 7-27

图 7-28

11. "图案叠加"命令

"图案叠加"命令用于在当前层基础上产生一个新的图案覆盖效果层。选用此命令会弹出"图案叠加"对话框,如图 7-29 所示。应用"图案叠加"命令后图像效果如图 7-30 所示。

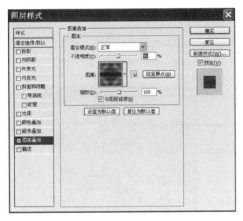

图 7-29

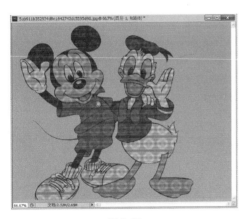

图 7-30

12. "描边"命令

"描边"命令用于当前层的图案描边。选择此命令会弹出"描边"对话框,如图 7-31 所示。应用"描边"命令后图像效果如图 7-32 所示。

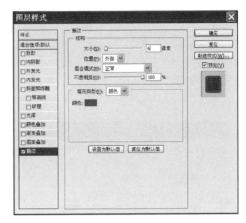

图 7-31

图 7-32

7.3　图层的编辑

在制作多层图像效果的过程中,需要对图层进行编辑和管理。

7.3.1 图层的显示、选择、链接和排列

图层的显示、选择、链接和排列等操作都是用户应该快速掌握的基本操作。下面将讲解具体的操作方法。

1. 图层的显示

显示图层,有以下几种方法。

▶ 使用"图层"控制面板图标:单击"图层"控制面板中一个图层左边的眼睛图标,可以显示或隐藏这个图层。

▶ 使用快捷键:按住 Alt 键,单击"图层"控制面板中一个图层左边的眼睛图标,这时图层控制面板中只显示这个图层,其他图层将不显示。按住 Alt 键,再次单击"图层"控制面板中的这个图层左边的眼睛图标,将显示全部图层。

2. 图层的选择

选择图层,有以下几种方法。

▶ 使用鼠标:单击"图层"控制面板中的一个图层,可以选择这个图层。

▶ 使用鼠标右键:按 V 键,选择"移动"工具,

用鼠标右键单击窗口中的图像,弹出一组供选择的图层选项菜单,选择所需要的图层即可。将光标靠近需要的图像进行以上操作,就可以选择这个图像所在的图层。

3. 图层的链接

按住 Ctrl 键,连续单击选择多个要链接的图层,单击"图层"控制面板下方的"链接图层"按钮 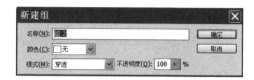,图层中显示出链接图标 ,表示将所选图层链接。图层链接后,将成为一组,当对一个链接图层进行操作时,将会影响一组链接图层。再次单击"图层"控制面板中的"链接图层"按钮 ,表示取消链接图层。

> **提示:**
>
> 选择链接图层,再选择菜单栏中的"图层 → 对齐"命令,弹出"对齐"命令的子菜单,选择需要的对齐方式命令后,可以设置对齐链接图层中的图像。

4. 图层的排列

排列图层,有以下几种方法。

▶ 使用鼠标拖放:单击"图层"控制面板中的一个图层并按住鼠标左键,拖曳鼠标可将其放到其他图层的上方或下方。背景层不能移动拖放,要先转换为普通层再移动拖放。

▶ 使用"图层"命令:选择菜单栏中的"图层 → 排列"命令,弹出"排列"命令的子菜单,选择其中的排列方式即可。

▶ 使用快捷键:按 Ctrl＋[组合键,可以将当前层向下移动一层;按 Ctrl＋] 组合键,可以将当前层向上移动一层;按 Shift＋Ctrl＋[组合键,可以将当前层移动到全部图层的底层;按 Shift ＋Ctrl＋] 组合键,可以将当前层移动到全部图层的顶层。

7.3.2 新建图层组

当编辑多层图像时,为了方便操作,可以将多个图层建立在一个图层组中。

新建图层组,有以下几种方法。

▶ 使用"图层"控制面板弹出式菜单:单击"图层"控制面板右上方的图标 ,弹出其下拉命令菜单。

在弹出式菜单中选择"新建组"命令,弹出"新建组"对话框,如图 7-33 所示。在对话框中,"名称"选项用于设定新图层组的名称;"颜色"选项用于选择新图层组在控制面板上的显示颜色;"模式"选项用于设定当前层的合成模式;"不透明度"选项用于设定当前层的不透明度值。单击"确定"按钮,建立如图 7-80 所示的图层组,也就是"组 1"。

▶ 使用"图层"控制面板按钮:单击"图层"控制面板下方的"创建新组"按钮 ,将新建一个图层组。

▶ 使用"图层"命令:选择"图层 → 新建 → 组"命令,弹出"新建组"对话框,如图 7-33 所示。单击"确定"按钮,建立如图 7-34 所示的图层组。

图 7-33

图 7-34

> **提示:**
>
> Photoshop CS5 在支持图层组的基础上增加了多级图层组的嵌套,以便于在进行复杂设计的时候能够更好地管理图层。

在"图层"控制面板中,可以按照需要的级次关系新建图层组和图层,如图 7-35 所示。

图 7-35

> **技巧:**
>
> 可以将多个已建立图层放入到一个新的图层组中,操作的方法很简单,将"图层"控制面板中的已建立图层图标拖放到新的图层组图标上即可;也可以将图层组中的图层拖放到图层组外。

7.3.3 从图层新建组、锁定组内的所有图层和图层组属性

在编辑图像的过程中,可以将图层组中的图层进行链接和锁定,还可以编辑图层组的属性。

(1)"从图层新建组"命令:用于将当前选择的图层构成一个图层组。

(2)"锁定组内的所有图层"命令:用于将图层组中的全部图层锁定。锁定后,图层将不能被编辑。

(3)"组属性"命令:用于图层组的重新命名和"图层"控制面板中图层组显示颜色的更改。单击此命令,弹出"组属性"对话框,如图7-36所示。

图 7-36

在对话框中,"名称"选项用于图层组的重新命名。在"颜色"选项中,可以选择图层组的显示颜色。

7.3.4 合并图层

在编辑图像的过程中,可以将图层进行合并。

(1)"合并图层"命令是将所有选中的图层合并成一个图层,合并到最下一个图层。单击"图层"控制面板右上方的图标■,在弹出的下拉命令菜单中选择"合并图层"命令,或按 Ctrl+E 组合键即可。

(2)"合并可见图层"命令用于合并所有可见层。单击"图层"控制面板右上方的图标■,在弹出的下拉命令菜单中选择"合并可见图层"命令,或按 Shift+Ctrl+E 组合键即可。

(3)"拼合图像"命令用于合并所有的图层。单击"图层"控制面板右上方的图标■,在弹出的下拉命令菜单中选择"拼合图像"命令,也可选择"图层 → 拼合图像"命令。

7.3.5 图层面板选项

"面板选项"命令,用于设定"图层"控制面板中缩览图的大小。

"图层"控制面板中的原始效果如图7-37所示,单击右上方的图标■,在弹出的下拉菜单中选择"面板选项"命令,弹出如图7-38所示的"图层面板选项"对话框,在对话框中单击需要的缩览图单选框,可以选择缩览图的大小。调整后的效果如图7-39所示。

图 7-37

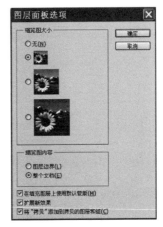

图 7-38

图 7-39

7.3.6 图层剪贴蒙版

图层剪贴蒙版是将相邻的图层编辑成剪贴蒙版。

在图层剪贴蒙版中,最底下的图层是基层,基层图像的透明区域将遮住上方各层的该区域。制作剪贴蒙版,图层之间的实线变为虚线,基层图层名称下有一条下划线。

打开一幅图像,在"图层"控制面板上新建一个图层

并将其拖曳到"背景"图层的下面。选择"自定义形状"工具 ，在"形状"选项中选择需要的形状，在图像窗口中绘制出需要的图形，并填充适当的颜色。"图层"控制面板显示如图 7-40 所示，图像窗口效果如图 7-41 所示。

按住 Alt 键，单击两个图层间的实线，即可制作出剪贴蒙版，如图 7-42 所示，图像效果如图 7-43 所示。

图 7-40

图 7-42

图 7-41

图 7-43

7.4　图层的蒙版

制作图层蒙版可以使图层中图像的某些部分被处理成透明或半透明的效果，而且可以恢复已经处理过的图像，是 Photoshop CS5 的一种独特的处理图像方式。

7.4.1 建立图层蒙版

建立图层蒙版，有以下几种方法。

▶ 使用"图层"控制面板按钮或快捷键：单击"图层"控制面板中的"添加图层蒙版"按钮 ，可以创建一个图层的蒙版，如图 7-44 所示。按住 Alt 键，单击"图层"控制面板中的"添加图层蒙版"按钮 ，可以创建一个遮盖图层全部的蒙版，如图 7-45 所示。

▶ 使用"图层"命令：选择"图层 → 图层蒙版 → 显

示全部"命令，可以创建一个图层的蒙版，效果如图 7-44 所示。选择"图层 → 图层蒙版 → 隐藏全部"命令，可以创建一个遮盖图层全部的蒙版，效果如图 7-45 所示。

7.4.2 使用图层蒙版

打开两幅图像，如图 7-46 和图 7-47 所示。选择"移动"工具 ，将人物图像拖曳到背景图像上，"图层"控制面板和图像效果如图 7-48 和图 7-49 所示。

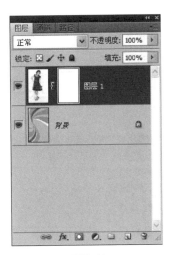

图 7-44

图 7-47

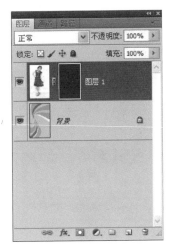

图 7-45

图 7-48

图 7-46

图 7-49

单击"图层"控制面板下方的"添加图层蒙版"按钮 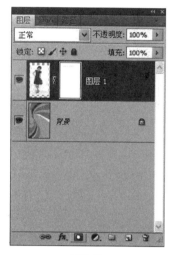，可以创建一个图层的蒙版，效果如图 7-50 所示。选择"画笔"工具 ，将前景色设定为黑色，画笔工具属性栏如图 7-51 所示。在图层的蒙版中按所需的效果进行喷绘，人物的图像效果如图 7-52 所示。

图像与蒙版可以分别进行操作。

选择"图层 → 图层蒙版 → 停用"命令，或在"图层"控制面板中，按住 Shift 键，单击图层蒙版，如图 7-53 所示，图层蒙版被停用，图像将全部显示，效果如图 7-54 所示；再次按住 Shift 键，单击图层蒙版，将恢复图层蒙版效果。

图 7-50

图 7-51

图 7-52

在"图层"控制面板中图层图像与蒙版之间是关联图标 ，当图层图像与蒙版关联时，移动图像时蒙版会同步移动，单击关联图标 ，将不显示该图标，图层

图 7-53

图 7-54

按住 Alt 键，单击图层蒙版，图层图像就会消失，而只显示图层蒙版，如图 7-55 和图 7-56 所示；再次按住 Alt 键，单击图层蒙版，将恢复图层图像效果；按住 Alt＋Shift 组合键，单击图层蒙版，将同时显示图像和图层蒙版的内容。

选择"图层 → 图层蒙版 → 删除"命令，或在图层蒙版上单击鼠标右键，在弹出的快捷菜单中选择"删除图层蒙版"命令，都可以删除图层蒙版。

图 7-55

图 7-56

7.5 新建填充和调整图层

新建填充和调整图层,可以对现有图层添加一系列的特殊效果。

7.5.1 新建填充图层

当需要新建填充图层时,可以选择"图层 → 新建填充图层"命令,或单击"图层"控制面板中的"创建新的填充和调整图层"按钮，填充图层有 3 种方式,如图 7-57 所示。选择其中的一种方式将弹出"新建图层"对话框,如图 7-58 所示,单击"确定"按钮,将根据选择的填充方式弹出不同的填充对话框,以"渐变填充"为例,如图 7-59 所示,单击"确定"按钮,"图层"控制面板和图像的效果如图 7-60 和图 7-61 所示。

图 7-57

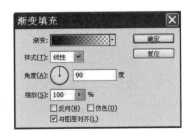

图 7-58

图 7-60

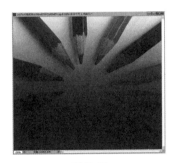

图 7-61

7.5.2 新建调整图层

当需要对一个或多个图层进行色彩调整时,可以新建调整图层。选择"图层 → 新建调整图层"命令,或单击"图层"控制面板中的"创建新的填充和调整图

图 7-59

101

层"按钮 ，弹出调整图层色彩的多种方式，如图
7-62所示。选择不同的色彩调整方式，将弹出不同的
色彩调整对话框，以"色阶"为例，如图 7-63 所示调
整，单击"确定"按钮，"图层"控制面板和图像的效果
如图 7-64 和图 7-65 所示。

图 7-62

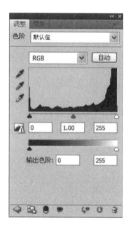

图 7-63

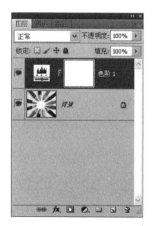

图 7-64

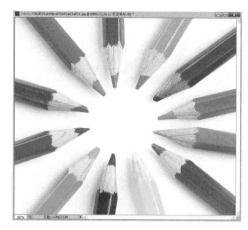

图 7-65

7.5.3 课堂案例——为头发染色

【学习目标】学习使用创建新的填充或调整图层
命令制作出需要的效果。

【知识要点】使用色彩平衡命令、画笔工具为头
发染色，最终效果如图7-66所示。

图 7-66

(1) 按 Ctrl＋O 组合键，打开素材文件，如图
7-67 所示。

图 7-67

（2）单击"图层"控制面板下方的"创建新的填充或调整图层"按钮，在弹出的菜单中选择"色彩平衡"命令，在"图层"控制面板中生成"色彩平衡 1"图层，同时在弹出的"色彩平衡"面板中进行设置，如图7-68所示，按 Enter 键确认，效果如图 7-69 所示。

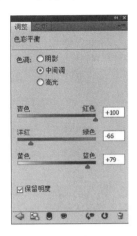

图 7-68

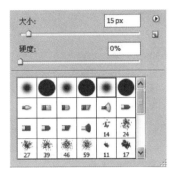

图 7-70

图 7-69

（3）将前景色设为黑色。选择"画笔"工具，在属性栏中单击"画笔"选项右侧的按钮，弹出画笔预设面板，选择需要的画笔形状，如图 7-70 所示。在人物头发以外的区域进行涂抹，编辑状态如图 7-71 所示，按 [键和] 键，调整画笔的大小，涂抹脸部和肩部，至此，为头发染色制作完成，效果如图 7-72 所示。

图 7-71

图 7-72

7.6 图层样式

可以应用样式控制面板来保存各种图层特效，并将它们快速地套用在要编辑的对象中。这样可以节省操作步骤和操作时间。

7.6.1 样式控制面板

选择"窗口 → 样式"命令,弹出"样式"控制面板,如图 7-73 所示。

在"图层"控制面板中选中要添加样式的图层,效果如图 7-74 所示。在"样式"控制面板中选择要添加的样式。图像添加样式后的效果如图 7-75 所示。

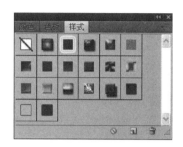

图 7-73

图 7-74

图 7-75

7.6.2 建立新样式

如果在"样式"控制面板中没有需要的样式,那么可以自己建立新的样式。

选择"图层 → 图层样式 → 混合选项"命令,弹出"图层样式"对话框,在对话框中设置需要的特效,如图 7-76 所示。单击"新建样式"按钮,弹出"新建样式"对话框,按需要进行设置,如图 7-77 所示。

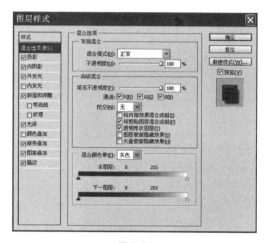

图 7-76

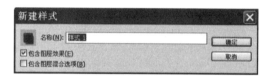

图 7-77

在对话框中,"包含图层效果"选项表示将特效添加到样式中;"包含图层混合"选项表示将图层混合选项添加到样式中,单击"确定"按钮,新样式被添加到"样式"控制面板中,如图 7-78 所示。

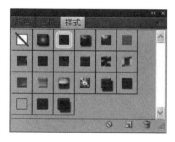

图 7-78

7.6.3 载入样式

Photoshop CS5 提供了一些样式库,可以根据需要将其载入到"样式"控制面板中。

单击"样式"控制面板右上方的图标██,在弹出式菜单中选择要载入的样式,如图7-79所示。选择后将弹出提示对话框,如图7-80所示,单击"追加"按钮,样式被载入到"样式"控制面板中,如图7-81所示。

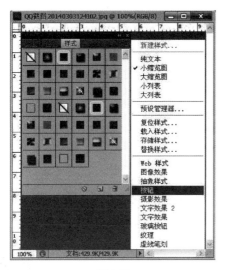

图7-79

图7-80

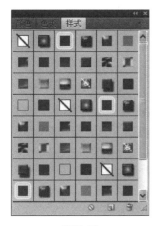

图7-81

7.6.4 还原样式的预设值

此命令用于将"样式"控制面板还原为最初系统默认的状态。

单击"样式"控制面板右上方的图标██,在弹出式菜单中选择"复位样式"命令,如图7-82所示,弹出提示对话框,如图7-83所示,单击"确定"按钮,"样式"控制面板被还原为系统默认的状态,如图7-84所示。

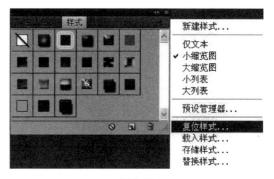

图7-82

图7-83

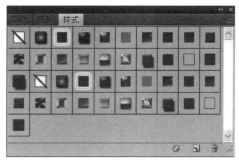

图7-84

7.6.5 删除样式

删除样式命令用于删除"样式"控制面板中的样式。将要删除的样式直接拖曳到"样式"控制面板下方的"删除样式"按钮█上,即可完成删除。

7.6.6 清除样式

当对图像所应用的样式不满意时,可以对应用的样式进行清除。

选中要清除样式的图层,单击"样式"控制面板下方的"清除样式"按钮█,即可将为图像添加的样式清除。

7.7 上机练习

练习　**魅力风景**

　　使用调整层调整图像色调。需要修改的图像如图 7-85 所示,图像色彩调整后的效果,如图 7-86 所示。

图 7-86

【操作步骤提示】

　　(1) 添加"色彩平衡"调整层,调整"阴影"、"中间调"和"高光"的色彩。

　　(2) 添加"颜色填充"图层,以绿色填充。

　　(3) 添加"色阶"图层调整图像色调。

图 7-85

第八章

文字的使用

Photoshop CS5 的文字输入和编辑功能与以前的版本相比有很大的改进和提高。本章将详细讲解文字的编辑方法和应用技巧。读者通过学习要了解并掌握文字的功能及特点,并能在设计制作任务中充分利用好文字效果。

 学习任务

- 文字工具的使用
- 转换文字图层
- 文字变形效果

- 沿路径排列文字
- 字符与段落的设置
- 上机练习

8.1　文字工具的使用

在 Photoshop CS5 中,文字工具包括横排文字工具、直排文字工具、横排文字蒙版工具和直排文字蒙版工具。应用文字工具可以实现对文字的输入和编辑。

8.1.1 文字工具

1. 横排文字工具

启用"横排文字"工具 **T**,有以下几种方法。

▶ 单击工具箱中的"横排文字"工具 **T**。

▶ 按 T 键。

启用"横排文字"工具 **T**,属性栏将显示如图 8-1 所示的状态。

图 8-1

在文字工具属性栏中,"更改文本方向"按钮 **T** 用于选择文字输入的方向; 宋体 选项用于设定文字的字体及属性; **T** 12点 选项用于设定字体的大小; aa 锐利 选项用于消除文字的锯齿,包括无、锐利、犀利、浑厚和平滑 5 个选项; 选项用于设定文字的段落格式,分别是左对齐、居中对齐和右对齐; 按钮用于设置文字的颜色; 工"创建文字变形"按钮用于对文字进行变形操作;"显示/隐藏字符和段落调板"按钮 用于隐藏或打开"段落"和"字符"控制面板;"取消所有当前编辑"按钮 用于取消对文字的操作;"提交所有当前编辑"按钮 用于确定对文字的操作。

2. 直排文字工具

应用"直排文字"工具 **IT** 可以在图像中建立垂直文本,创建垂直文本工具属性栏和创建横排文字工具属性栏的功能基本相同。

3. 横排文字蒙版工具

应用"横排文字蒙版"工具 可以在图像中建立水平文本的选区,创建水平文本选区工具属性栏和创建文字工具属性栏的功能基本相同。

4. 直排文字蒙版工具

应用"直排文字蒙版"工具 可以在图像中建立垂直文本的选区,创建垂直文本选区工具属性栏和创建横排文字工具属性栏的功能基本相同。

8.1.2 建立点文字图层

建立点文字图层就是以点的方式建立文字图层。

将"横排文字"工具 **T** 移动到图像窗口中,鼠标指针变为 图标。在图像窗口中单击,此时出现一个文字的插入点,如图 8-2 所示。输入需要的文字,文字会显示在图像窗口中,效果如图 8-3 所示。在输入文字的同时,"图层"控制面板中将自动生成一个新的文字图层,如图 8-4 所示。

图 8-2

图 8-3

图 8-4

8.1.3 建立段落文字图层

建立段落文字图层就是以段落文字框的方式建

立文字图层。下面将具体讲解建立段落文字图层的方法。

将"横排文字"工具 T 移动到图像窗口中，鼠标指针变为 工 图标。单击并按住鼠标左键，移动鼠标在图像窗口中拖曳出一个段落文本框，如图 8-5 所示。此时，插入点显示在文本框的左上角，输入文字即可。段落文本框具有自动换行的功能，如果输入的文字较多，当文字遇到文本框时，会自动换到下一行显示，如图 8-6 所示。如果输入的文字需要分出段落，可以按 Enter 键进行操作。还可以对文本框进行旋转、拉伸等操作。

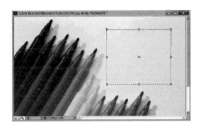

图 8-5

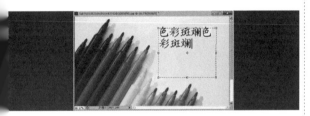

图 8-6

8.1.4 消除文字锯齿

"消除文字锯齿"命令用于消除文字边缘的锯齿，得到比较光滑的文字效果。选择消除锯齿命令有以下几种方法。

▶ 应用菜单命令：选择"图层 → 文字"命令下拉菜单中的各个命令来消除文字锯齿，如图 8-7 所示。

"消除锯齿方式为无"命令表示不应用消除锯齿

命令，此时，文字的边缘会出现锯齿；"消除锯齿方式为锐利"命令可对文字的边缘进行锐化处理；"消除锯齿方式为犀利"命令可使文字更加鲜明；"消除锯齿方式为浑厚"命令可使文字更加粗重；"消除锯齿方式为平滑"命令可使文字更加平滑。

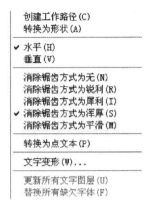

图 8-7

▶ 应用"字符"控制面板：在"字符"控制面板中的"设置消除锯齿的方法"选项的下拉列表中选择消除文字锯齿的方法，如图 8-8 所示。

图 8-8

8.2 转换文字图层

在输入完文字后，可以根据设计制作的需要将文字进行一系列的转换。

8.2.1 将文字转换为路径

在图像中输入文字，如图 8-9 所示。选择"图层 → 文字 → 创建工作路径"命令，在文字的边缘增加路径，效果如图 8-10 所示。

8.2.2 将文字转换为形状

在图像中输入文字，如图 8-11 所示。选择"图层 → 文字 → 转换为形状"命令，在文字的边缘增加形状路径。在"图层"控制面板中，文字图层被形状路径图层所代替,如图 8-12 所示。

图 8-9

图 8-10

图 8-11

图 8-12

8.2.3 文字的横排与直排

在图像中输入横排文字,如图 8-13 所示。选择"图层 → 文字 → 垂直"命令,文字将从水平方向转换为垂直方向,如图 8-14 所示。

图 8-13

图 8-14

8.2.4 点文字图层与段落文字图层的转换

在图像中建立点文字图层,如图 8-15 所示。选择"图层 → 文字 → 转换为段落文本"命令,点文字图层将转换为段落文字图层,如图 8-16 所示。

图 8-15

图 8-16

要将建立的段落文字图层转换为点文字图层,选择"图层 → 文字 → 转换为点文本"命令即可。

8.3 文字变形效果

可以根据需要将输入完成的文字进行各种变形。打开一幅图像,按 T 键,选择"横排文字"工具 **T**,在

文字工具属性栏中设置文字的属性,如图 8-17 所示,将"横排文字"工具 **T** 移动到图像窗口中,鼠标指针

将变成 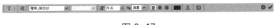 图标。在图像窗口中单击,此时出现一个文字的插入点,输入需要的文字,文字将显示在图像窗口中,如图 8-18 所示。

图 8-17

图 8-18

单击文字工具属性栏中的"创建文字变形"按钮 ,弹出"变形文字"对话框,其中"样式"选项中有 15 种文字的变形效果,如图 8-19 所示。

以文字的扇形变形效果为例进行变换,如图 8-20 和图 8-21 所示。

图 8-19   图 8-20

图 8-21

8.4 沿路径排列文字

在 Photoshop CS5 中,可以把文本沿着路径放置,这样的文字还可以在 Illustrator 中直接编辑。

打开一幅图像,按 P 键,选择"椭圆"工具 ,在图像中绘制圆形,如图 8-22 所示。

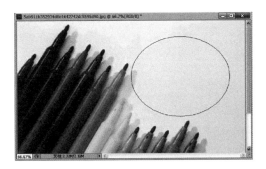

图 8-22

按 T 键,选择"横排文字"工具 ,在文字工具属性栏中设置文字的属性,如图 8-23 所示。当鼠标光标停放在路径上时会变为 图标,单击路径会出现闪烁的光标,此处成为输入文字的起始点,如图 8-24 所示。输入的文字会按照路径的形状进行排列,效果如图 8-25 所示。

图 8-23

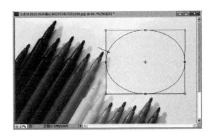

图 8-24

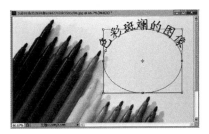

图 8-25

文字输入完成后,在"路径"控制面板中会自动生成文字路径层,如图 8-26 所示。取消"视图 → 显示额外内容"命令的选中状态,可以隐藏文字路径,如图 8-27 所示。

图 8-27

图 8-26

提示:

"路径"控制面板中文字路径层与"图层"控制面板中相应的文字图层是相链接的,删除文字图层时,文字的路径层会自动被删除,删除其他工作路径不会对文字的排列有影响。如果要修改文字的排列形状,需要对文字路径进行修改。

8.5 字符与段落的设置

可以应用字符和段落控制面板对文字与段落进行编辑和调整。下面将具体讲解设置字符与段落的方法。

8.5.1 字符控制面板

Photoshop CS5 在处理文字方面较之以前的版本有飞跃性的突破。其中,"字符"控制面板可以用来编辑文本字符。

选择"窗口 → 字符"命令,弹出"字符"控制面板,如图 8-28 所示。

图 8-28

▶ "设置字体系列"选项 楷体_GB2312 ▼ :选中字符或文字图层,单击该选项右侧的按钮▼,在弹出的下拉菜单中选择需要的字体。

▶ "设置字体大小"选项 **T** 72点 ▼ :选中字符或文字图层,在该选项的数值框中输入数值,或单击选项右侧的按钮▼,在弹出的下拉菜单中选择需要的字体大小数值。

▶ "垂直缩放"选项 **T** 100% :选中字符或文字图层,在该选项的数值框中输入数值,可以调整字符的长度,如图 8-29 所示。

图 8-29

▶ "水平缩放"选项 **T** 100% :选中字符或文字图层,在选项的数值框中输入数值,可以调整字符的宽度,如图 8-30 所示。

图 8-30

▶ "设置所选字符的比例间距"选项 0% ▼ :选该中字符或文字图层,在该选项的数值框中选择百分比数值,可以对所选字符的比例间距进行细微的调整,如图 8-31 所示。

▶ "设置所选字符的字距调整"选项

A⁄ 0 ▼：选中需要调整字距的文字段落或文字图层，在该选项的数值框中输入数值，或单击选项右侧的按钮▼，在弹出的下拉菜单中选择需要的字距数值，可以调整文本段落的字距。输入正值时，字距加大；输入负值时，字距缩小，如图 8-32 所示。

图 8-31

图 8-32

▶ "设置基线偏移"选项 **A⁂ 0点**：选中字符，在选项的数值框中输入数值，可以调整字符上下移动。输入正值时，横排的字符上移，直排的字符右移；输入负值时，横排的字符下移，直排的字符左移，如图8-33所示。

"设定字符的形式"按钮 **T T TT Tr T¹ T₁ T T**：从左到右依次为"仿粗体"按钮**T** 、"仿斜体"按钮**T**、"全部大写字母"按钮**TT**、"小型大写字母"按钮**Tr**、

"上标"按钮**T¹**、"下标"按钮**T₁**、"下划线"按钮**T**和"删除线"按钮**T**。

图 8-33

▶ "语言设置"选项 **美国英语 ▼**：单击该选项右侧的按钮▼，在弹出的下拉菜单中选择需要的语言字典。选择字典主要用于拼写检查和连字的设定。

▶ "设置字体样式"选项 **aa 浑厚 ▼**：选中字符或文字图层，单击选项右侧的按钮▼，在弹出的下拉菜单中选择需要的字型。

▶ "设置行距"选项 **IA A (自动) ▼**：选中需要调整行距的文字段落或文字图层，在该选项的数值框中输入数值，或单击选项右侧的按钮▼，在弹出的下拉菜单中选择需要的行距数值，可以调整文本段落的行距，如图 8-34 所示。

▶ "设置两个字符间的字距微调"选项 **AV 0 ▼**：使用文字工具在两个字符间单击，插入光标，在选项的数值框中输入数值，或单击选项右侧的按钮▼，在弹出的下拉菜单中选择需要的字距数值。输入正值时，字符的间距会加大；输入负值时，字符的间距会缩小，如图 8-35 所示。

图 8-34

图 8-35

▶ "设置文本颜色"选项颜色: ：选中字符或文字图层,在颜色框中单击,弹出"拾色器"对话框,在对话框中设定需要的颜色后,单击"确定"按钮,可以改变文字的颜色。

▶ "设置消除锯齿的方法"选项 aa 浑厚 ：可以选择无、锐利、犀利、浑厚和平滑 5 种消除锯齿的方式,如图 8-36 所示。

图 8-36

此外,单击"字符"控制面板右上方的图标 ,将弹出"字符"控制面板的下拉命令菜单,如图 8-37 所示。

▶ "更改文本方向"命令:用来改变文字方向。

▶ "仿粗体"命令:用来设置文本字符为粗体形式。

▶ "仿斜体"命令:用来设置文本字符为斜体形式。

▶ "全部大写字母"命令:用来设置所有字母为大写形式。

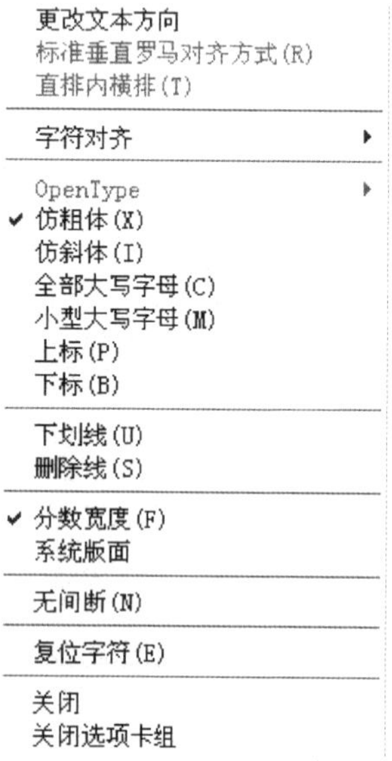

更改文本方向
标准垂直罗马对齐方式(R)
直排内横排(T)

字符对齐 ▶

OpenType ▶
✔ 仿粗体(X)
仿斜体(I)
全部大写字母(C)
小型大写字母(M)
上标(P)
下标(B)

下划线(U)
删除线(S)

✔ 分数宽度(F)
系统版面

无间断(N)

复位字符(E)

关闭
关闭选项卡组

图 8-37

▶ "小型大写字母"命令:用来设置字母为小的大写字母形式。

▶ "上标"命令:用来设置字符为上角标。

▶ "下标"命令:用来设置字符为下角标。

▶ "下划线"命令:用来设置字符的下划线。

▶ "删除线"命令:用来设置字符的划线穿越字符。

▶ "分数宽度"命令:用来设置字符的微小宽度。

▶ "无间断"命令:用来设置字符为不间断。

▶ "复位字符"命令:用于恢复"字符"控制面板的默认值。

8.5.2 段落控制面板

"段落"控制面板可以用来编辑文本段落。下面具体介绍段落控制面板的内容。

选择"窗口 → 段落"命令,弹出"段落"控制面板,如图 8-38 所示。

图 8-38

▶ 在控制面板中, 选项用来调整文本段落中每行的对齐方式:左对齐文本、居中对齐文本和右对齐文本; 选项用来调整段落的对齐方式:最后一行左对齐、最后一行居中对齐和最后一行右对齐; 选项用来设置整个段落中的行两端对齐:全部对齐。

另外,通过输入数值还可以调整段落文字的左缩进 、右缩进 、首行文字的缩进 、段落前的间距 和段落后的间距 。

▶ "避头尾法则设置"和"间距组合设置"选项可以设置段落的样式;"连字"选项为连字符选框,用来确定文字是否与连字符连接。

▶ "左缩进"选项 :在选项中输入数值可以设置段落左端的缩进量。

▶ "右缩进"选项 :在选项中输入数值可以设置段落右端的缩进量。

▶ "首行缩进"选项 :在选项中输入数值可以设置段落第一行的左端缩进量。

▶ "段前添加空格"选项 :在选项中输入数值

可以设置当前段落与前一段落的距离。

▶"段后添加空格"选项 ≣:在选项中输入数值可以设置当前段落与后一段落的距离。

此外,单击"段落"控制面板右上方的图标 ≣,还可以弹出"段落"控制面板的下拉命令菜单,如图 8-39 所示。

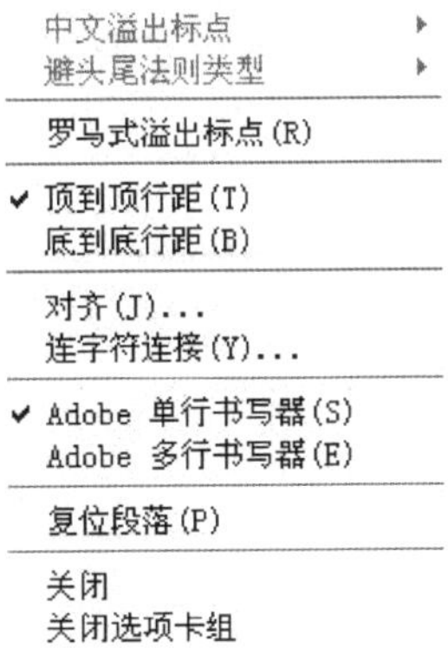

中文溢出标点　　　　　　▶
避头尾法则类型　　　　　　▶

罗马式溢出标点(R)

✔ 顶到顶行距(T)
底到底行距(B)

对齐(J)...
连字符连接(Y)...

✔ Adobe 单行书写器(S)
Adobe 多行书写器(E)

复位段落(P)

关闭
关闭选项卡组

图 8-39

▶"停放到调板窗"命令:用于将控制面板放入属性栏中的窗口。

▶"罗马式溢出标点"命令:为罗马悬挂标点。

▶"顶到顶行距"命令:用于设置段落行距为两行文字顶部之间的距离。

▶"底到底行距"命令:用于设置段落行距为两行文字底部之间的距离。

▶"对齐"命令:用于调整段落中文字的对齐。

▶"连字符连接"命令:用于设置连字符。

▶"Adobe 单行书写器"命令:为单行编辑器。

▶"Adobe 多行书写器"命令:为多行编辑器。

▶"复位段落"命令:用于恢复"段落"控制面板的默认值。

8.6　上机练习

练习　文字的变形特效

创建如图 8-40 所示的文字变形效果。

【操作步骤提示】

(1) 输入文字,设置字体、字号以及颜色。

(2) 效果 1 使用"上弧"变形样式。

(3) 效果 2 使用"凸起"变形样式。

(4) 效果 3 使用"挤压"变形样式。

图 8-40　创建文字变形效果

第九章

图形与路径

Photoshop CS5 的图形绘制功能非常强大。本章将详细讲解 Photoshop CS5 的绘图功能和应用技巧。读者通过学习要能够根据设计制作任务的需要，绘制出精美的图形，并能为绘制的图形添加丰富的视觉效果。

 学习任务

- 绘制图形
- 绘制和选取路径

- 路径控制面板
- 上机练习

9.1 绘制图形

路径工具极大地加强了 Photoshop CS5 处理图像的能力,它可以用来绘制路径、剪切路径和填充区域。

9.1.1 矩形工具

矩形工具可以用来绘制矩形或正方形。启用"矩形"工具■,有以下几种方法。

▶ 单击工具箱中的"矩形"工具■。

▶ 反复按 Shift+U 组合键。

启用"矩形"工具■,属性栏将显示如图 9-1 所示的状态。

图 9-1

在矩形工具属性栏中,■■■选项组用于选择创建形状图层、创建工作路径或填充像素;◢◢■■●●/☀·选项组用于选择形状路径工具的种类;■■■■选项组用于选择路径的组合方式;"样式"选项为图层风格选项;"颜色"选项用于设定图形的颜色。

单击◢◢■■●●/☀·选项组中的小按钮·,弹出"矩形"选项面板,如图 9-2 所示。在对话框中可以通过各种设置来控制矩形工具所绘制的图形区域,包括"不受约束"、"方形"、"固定大小"、"比例"和"从中心"选项,"对齐像素"选项用于使矩形边缘自动与像素边缘重合。

图 9-2

打开一幅图像。单击工具箱中的"矩形"工具,在图像中间绘制出矩形,如图 9-3 所示。

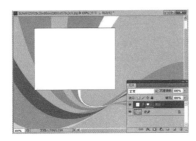

图 9-3

9.1.2 圆角矩形工具

圆角矩形工具可以用来绘制具有平滑边缘的矩形。启用"圆角矩形"工具■,有以下几种方法。

▶ 单击工具箱中的"圆角矩形"工具■。

▶ 反复按 Shift+U 组合键。

启用"圆角矩形"工具■,属性栏将显示如图 9-4 所示的状态。其属性栏中的选项内容与矩形工具属性栏的选项内容类似,只多了一项"半径"选项,用于设定圆角矩形的平滑程度,数值越大越平滑。

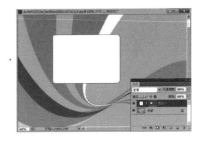

图 9-4

打开一幅图像。单击工具箱中的"圆角矩形"工具,在图像中间绘制出圆角矩形,如图 9-5 所示。

图 9-5

9.1.3 椭圆工具

椭圆工具可以用来绘制椭圆或圆形。启用"椭圆"工具●,有以下几种方法。

▶ 单击工具箱中的"椭圆"工具●。

▶ 反复按 Shift+U 组合键。

启用"椭圆"工具●,属性栏将显示如图 9-6 所示的状态。其属性栏中的选项内容与矩形工具属性栏的选项内容类似。

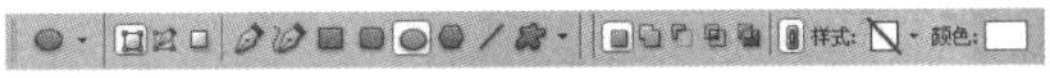

图 9-6

打开一幅图像。单击工具箱中的"椭圆"工具,在图像中间绘制出椭圆,如图 9-7 所示;若按住 Shift 键,即可绘制出圆形。

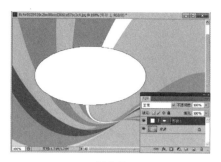

图 9-7

9.1.4 多边形工具

多边形工具可以用来绘制正多边形。下面，具体讲解多边形工具的使用方法和操作技巧。

启用"多边形"工具 ⬡，有以下几种方法。

▶ 单击工具箱中的"多边形"工具 ⬡。

▶ 反复按 Shift+U 组合键。

启用"多边形"工具 ⬡，属性栏将显示如图 9-8 所示的状态。其属性栏中的选项内容与矩形工具属性栏的选项内容类似，只多了一项"边"选项，用于设定多边形的边数。

图 9-8

打开一幅图像。单击工具箱中的"多边形"工具，在图像中间绘制出多边形，如图 9-9 所示。

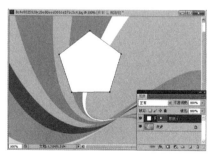

图 9-9

9.1.5 直线工具

直线工具可以用来绘制直线或带有箭头的线段。

启用"直线"工具 ╱，有以下几种方法。

▶ 单击工具箱中的"直线"工具 ╱。

▶ 反复按 Shift+U 组合键。

启用"直线"工具 ╱，属性栏将显示如图 9-10 所示的状态。其属性栏中的选项内容与矩形工具属性

栏的选项内容类似，只多了一项"粗细"选项，用于设定直线的宽度。

图 9-10

单击  选项组中的小按钮 ▾，弹出"箭头"面板，如图 9-11 所示。

图 9-11

在对话框中，"起点"选项用于选择箭头位于线段的始端；"终点"选项用于选择箭头位于线段的末端；"宽度"选项用于设定箭头宽度和线段宽度的比值；"长度"选项用于设定箭头长度和线段宽度的比值；"凹度"选项用于设定箭头凹凸的形状。

打开一幅图像。在图像中间绘制出不同效果的带有箭头的线段，如图 9-12 所示。

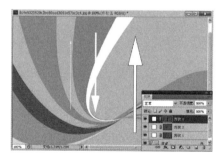

图 9-12

> **技巧：**
>
> 按住 Shift 键，用直线工具可以绘制水平或垂直的直线。

9.1.6 自定形状工具

自定形状工具可以用来绘制一些自定义的图形。下面具体讲解自定形状工具的使用方法和操作技巧。

启用"自定形状"工具 ✿，有以下几种方法。

▶ 单击工具箱中的"自定形状"工具 ✿。

▶ 反复按 Shift+U 组合键。

启用"自定形状"工具 ✿，属性栏将显示如图

9-13所示的状态。其属性栏中的选项内容与矩形工具属性栏的选项内容类似，只多了一项"形状"选项，用于选择所需的形状。

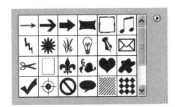

图 9-13

单击"形状"选项后的小按钮，弹出如图 9-14 所示的形状面板。面板中存储了可供选择的各种不规则形状。

打开一幅图像。在图像中绘制出不同的形状，如图 9-15 所示。

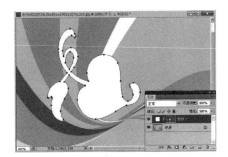

图 9-14

图 9-15

可以应用自定义形状命令来自己制作并定义形状。使用"钢笔"工具，选中属性栏中的"形状图层"按钮，在图像窗口中绘制出需要定义的路径形状，如图 9-16 所示。

选择"编辑 → 定义自定形状"命令，弹出"形状名称"对话框，在"名称"选项的文本框中输入自定形状的名称，如图 9-17 所示，单击"确定"按钮，在"形状"选项面板中将会显示刚才定义好的形状，如图 9-18 所示。

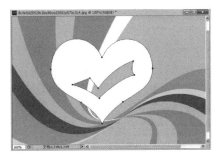

图 9-16

图 9-17

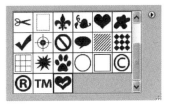

图 9-18

9.2 绘制和选取路径

路径对于 Photoshop CS5 使用者来说是一个非常得力的助手。使用路径可以进行复杂图像的选取，还可以存储选取区域以备再次使用，更可以用来绘制线条平滑的优美图形。

9.2.1 了解路径的含义

下面学习路径的有关概念，路径如图 9-19 所示。

▶ "锚点"：由钢笔工具创建，是一个路径中两条线段的交点，路径是由锚点组成的。

▶ "直线点"：按住 Alt 键，单击刚建立的锚点，可以将锚点转换为带有一个独立调节手柄的直线锚点。直线锚点是一条直线段与一条曲线段的连接点。

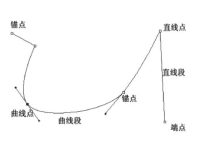

图 9-19

▶ "曲线点":曲线锚点是带有两个独立调节手柄的锚点,曲线锚点是两条曲线段之间的连接点。调节手柄可以改变曲线的弧度。

▶ "直线段":用钢笔工具在图像中单击两个不同的位置,将在两点之间创建一条直线段。

▶ "曲线段":拖曳曲线锚点可以创建一条曲线段。

▶ "端点":路径的结束点就是路径的端点。

9.2.2 钢笔工具

钢笔工具用于在 Photoshop CS5 中绘制路径。下面具体讲解钢笔工具的使用方法和操作技巧。

启用"钢笔"工具，有以下几种方法。

▶ 单击工具箱中的"钢笔"工具。

▶ 反复按 Shift＋P 组合键。

下面介绍与钢笔工具相配合的功能键。

按住 Shift 键,创建锚点时,会强迫系统以 45°角或 45°角的倍数绘制路径。

按住 Alt 键,当鼠标指针移到锚点上时,指针暂时由"钢笔"工具图标转换成"转换点"工具图标。

按住 Ctrl 键,鼠标指针暂时由"钢笔"工具图标转换成直接选择工具图标。

使用钢笔工具,建立一个新的图像文件,选择"钢笔"工具，在钢笔工具的属性栏中单击选择"路径"按钮，这样使用"钢笔"工具绘制的将是路径;如果单击选择"形状图层"按钮，将绘制出形状图层;勾选"自动添加/删除"选项的复选框,钢笔工具的属性栏如图9-20所示。

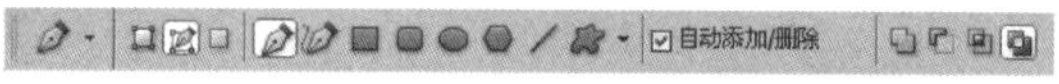

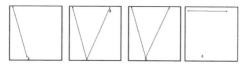

图 9-20

在图像中任意位置单击鼠标左键,将创建出第 1 个锚点;将鼠标指针移动到其他位置再单击鼠标左键,则创建第 2 个锚点,两个锚点之间自动以直线连接;再将鼠标指针移动到其他位置单击鼠标左键,出现第 3 个锚点,系统将在第 2、3 锚点之间生成一条新的直线路径。

将鼠标指针移至第 2 个锚点上,会发现指针现在由"钢笔"工具图标转换成了"删除锚点"工具图标，在第 2 个锚点上单击一下,即可将第 2 个锚点删除,效果如图9-21所示。

图 9-21

用"钢笔"工具图标的指针单击建立新的锚点并按住鼠标左键拖曳鼠标,建立曲线段和曲线锚点,松开鼠标左键,按住 Alt 键,用"钢笔"工具图标的指针单击刚建立的曲线锚点,将其转换为直线锚点,在其他位置再次单击建立下一个新的锚点,可在曲线段后绘制出直线段,效果如图 9-22 所示。

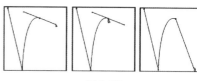

图 9-22

9.2.3 自由钢笔工具

自由钢笔工具用于在 Photoshop CS5 中绘制不规则路径。下面将具体讲解自由钢笔工具的使用方法和操作技巧。

启用"自由钢笔"工具，有以下几种方法。

▶ 单击工具箱中的"自由钢笔"工具。

▶ 反复按 Shift＋P 组合键。

在 Photoshop CS5 中打开一张图像,如图 9-23 所示。

图 9-23

启用"自由钢笔"工具，对自由钢笔工具的属性栏进行设定,如图 9-24 所示,勾选"磁性的"选项复选框。

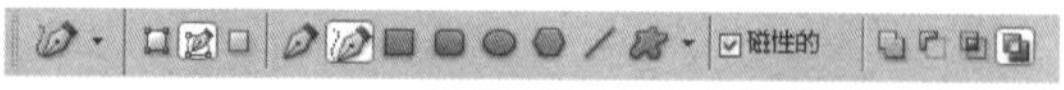

图 9-24

在图像的左上方单击鼠标确定最初的锚点,然后沿图像小心地拖曳鼠标并单击,确定其他的锚点,如图 9-25 所示。可以看到在选择中误差比较大,但只需要使用其他几个路径工具对路径进行一番修改和调整,就可以补救过来。通过控制面板中的"路径",可预览和编辑路径,如图9-26所示。

图9-25

图9-26

9.2.4 添加锚点工具

添加锚点工具用于在路径上添加新的锚点。将"钢笔"工具 的光标移动到建立好的路径上,若当前该处没有锚点,则"钢笔"工具 转换成"添加锚点"工具 ,在路径上单击可以添加一个锚点。

将"钢笔"工具 的光标移动到建立好的路径上,若当前该处没有锚点,则"钢笔"工具 转换成"添加锚点"工具 ,单击并按住鼠标左键,向上拖曳鼠标,建立曲线段和曲线锚点,效果如图9-27所示。

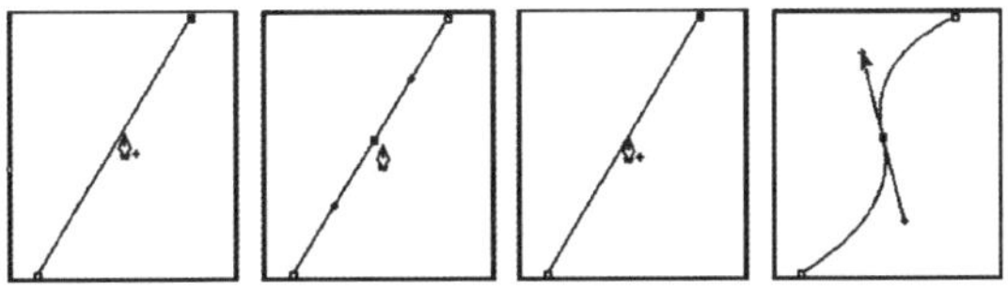

图9-27

提示:

也可以选择工具箱中的"添加锚点"工具 来完成锚点的添加。

9.2.5 删除锚点工具

删除锚点工具用于删除路径上已经存在的锚点。

下面具体讲解删除锚点工具的使用方法和操作技巧。

将"钢笔"工具 的指针放到路径的锚点上,则鼠标指针由"钢笔"工具 图标转换成"删除锚点"工具图标 ,单击锚点将其删除,如图9-28所示。

将"钢笔"工具 的指针放到曲线路径的锚点上,则"钢笔"工具图标 转换成"删除锚点"工具图标 ,单击锚点将其删除,如图9-29所示。

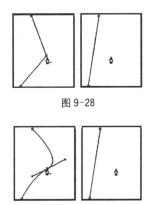

图9-28

图9-29

9.2.6 转换点工具

使用"转换点"工具 ,通过鼠标单击或拖曳锚点可将其转换成直线锚点或曲线锚点,拖曳锚点上的调节手柄可以改变线段的弧度。

下面介绍与"转换点"工具 相配合的功能键。

按住Shift键,拖曳其中一个锚点,会强迫手柄以45°角或45°角的倍数进行改变。

按住Alt键,拖曳手柄,可以任意改变两个调节手柄中的一个,而不影响另一个手柄的位置。

按住Alt键,拖曳路径中的线段,会把已经存在的路径先复制,再把复制后的路径拖曳到预定的位置处。

下面将运用路径工具去创建一个扑克牌中的红桃图形。

建立一个新文件,选择"钢笔"工具 ,用鼠标在页面中单击绘制出需要图案的路径,当要闭合路径时鼠标指针变为图标 ,单击即可闭合路径,完成一个三角形的图案,如图9-30所示。

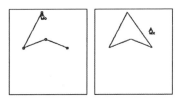

图9-30

选择"转换点"工具 ，首先来改变右上角的锚点，单击锚点并将其向左上方拖曳形成曲线锚点，使用同样的方法将左边的锚点变为曲线锚点。

使用"钢笔"工具 在图像中绘制出心形图形，如图 9-31 所示。

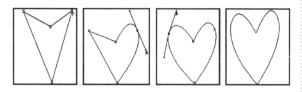

图 9-31

9.2.7 路径选择工具

路径选择工具用于选择一个或几个路径并对其进行移动、组合、对齐、分布和变形。启用"路径选择"工具 ，有以下几种方法。

▶ 单击工具箱中的"路径选择"工具 。

▶ 反复按 Shift＋A 组合键。

启用"路径选择"工具 ，路径选择属性栏中的效果如图 9-32 所示。

图 9-32

在属性栏中，勾选"显示定界框"选项的复选框，就能够对一个或多个路径进行变形，路径变形的信息将显示在属性栏中，如图 9-33 所示。

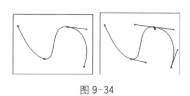

图 9-33

9.2.8 直接选择工具

直接选择工具用于移动路径中的锚点或线段，还可以调整手柄和控制点。

启用"直接选择"工具 ，有以下几种方法。

▶ 单击工具箱中的"直接选择"工具 。

▶ 反复按 Shift＋A 组合键。

启用"直接选择"工具 ，直接拖曳路径中的锚点来改变路径的弧度，如图 9-34 所示。

图 9-34

9.3 路径控制面板

路径控制面板用于对路径进行编辑和管理。下面具体讲解路径控制面板的使用方法和操作技巧。

9.3.1 认识路径控制面板

在新文件中绘制一条路径，再选择"窗口 → 路径"命令，弹出"路径"控制面板，如图 9-35 所示。

图 9-35

1. 系统按钮

在"路径"控制面板的上方有两个系统按钮 ，分别是"显示/隐藏"按钮和"关闭"按钮。单击"显示/隐藏"按钮可以将"路径"控制面板显示或隐藏，单击"关闭"按钮可以关闭"路径"控制面板。

2. 路径放置区

路径放置区用于放置所有的路径。

3. "路径"控制面板菜单

单击"路径"控制面板右上方的图标 ，弹出其下拉命令菜单，如图 9-36 所示。

存储路径...
复制路径...
删除路径

建立工作路径...

建立选区...
填充路径...
描边路径...

剪贴路径...

面板选项...

关闭
关闭选项卡组

图 9-36

4. 工具按钮

在"路径"控制面板的底部有 6 个工具按钮，如图

9-37 所示。

图 9-37

6 个工具按钮从左到依次为："用前景色填充路径"工具 、"用画笔描边路径"工具 、"将路径作为选区载入"工具 、"从选区生成工作路径"工具 、"创建新路径"工具 和"删除当前路径"工具 。

▶ "用前景色填充路径"工具 ：单击此工具按钮，会对当前选中路径进行填充，填充的对象包括当前路径的所有子路径以及不连续的路径线段；如果选定了路径中的一部分，"路径"控制面板的弹出菜单中的"填充路径"命令将变为"填充子路径"命令；如果被填充的路径为开放路径，Photoshop CS5 将自动把两端点以直线段方式连接，然后进行填充；如果只有一条开放的路径，则不能进行填充。

▶ "用画笔描边路径"工具 ：单击此工具按钮，系统将使用当前的颜色和当前在"描边路径"对话框中设定的工具对路径进行勾划。

▶ "将路径作为选区载入"工具 ：该工具用于把当前路径所圈选的范围转换成为选择区域，单击此工具按钮，即可进行转换。按住 Alt 键，再单击此工具按钮，或选择弹出式菜单中的"建立选区"命令，系统会弹出"建立选区"对话框。

▶ "从选区生成工作路径"工具 ：该工具用于把当前的选择区域转换成路径，单击此工具按钮，即可进行转换。按住 Alt 键，再单击此工具按钮，或选择弹出式菜单中的"建立工作路径"命令，系统会弹出"建立工作路径"对话框。

▶ "创建新路径"工具 ：该工具用于创建一个新的路径，单击此工具按钮，可以创建一个新的路径。按住 Alt 键，再单击此工具按钮，或选择弹出式菜单中的"新建路径"命令，系统会弹出"新建路径"对话框。

▶ "删除当前路径"工具 ：该工具用于删除当前路径，直接拖曳"路径"控制面板中的一个路径到此工具按钮上，便可将整个路径全部删除。此工具按钮与弹出式菜单中的"删除路径"命令的作用相同。

9.3.2 新建路径

在操作的过程中，可以根据需要建立新的路径。
新建路径，有以下几种方法。

▶ 使用"路径"控制面板弹出式菜单。单击"路径"控制面板右上方的图标 ，弹出其下拉命令菜单。在弹出式菜单中选择"新建路径"命令，弹出"新建路径"对话框，如图 9-38 所示。"名称"选项用于设定新

路径的名称，单击"确定"按钮，"路径"控制面板如图 9-39 所示。

图 9-38

图 9-39

▶ 使用"路径"控制面板按钮或快捷键。单击"路径"控制面板中的"创建新路径"按钮 ，可以创建一个新路径。

按住 Alt 键，单击"路径"控制面板中的"创建新路径"按钮 ，弹出"新建路径"对话框，如图 9-38 所示。

9.3.3 保存路径

保存路径命令用于保存已经建立并编辑好的路径。

当建立新图像，用"钢笔"工具 直接在图像上绘制出路径后，在"路径"控制面板中会产生一个临时的工作路径，如图 9-40 所示。单击"路径"控制面板右上方的图标 ，弹出其下拉命令菜单。在弹出式菜单中选择"存储路径"命令，弹出"存储路径"对话框，"名称"选项用于设定保存路径的名称，单击"确定"按钮，"路径"控制面板如图 9-41 所示。

图 9-40

图 9-41

9.3.4 复制、删除、重命名路径

可以对路径进行复制、删除和重命名。

1. 复制路径

复制路径,有以下几种方法。

▶ 使用"路径"控制面板弹出式菜单。单击"路径"控制面板右上方的图标■,弹出其下拉命令菜单。在弹出式菜单中选择"复制路径"命令,弹出"复制路径"对话框,如图 9-42 所示。"名称"选项用于设定复制路径的名称,单击"确定"按钮,"路径"控制面板如图 9-43 所示。

图 9-42　　　　　　　图 9-43

▶ 使用"路径"控制面板按钮。将"路径"控制面板中需要复制的路径拖曳到下面的"创建新路径"按钮 ■ 上,就可以将所选的路径复制为一个新路径。

2. 删除路径

删除路径,有以下几种方法。

▶ 使用"路径"控制面板弹出式菜单。单击"路径"控制面板右上方的图标■,弹出其下拉命令菜单。在弹出式菜单中选择"删除路径"命令,将路径删除。

▶ 使用"路径"控制面板按钮。选择需要删除的路径,单击"路径"控制面板中的"删除当前路径"按钮 ■,将选择的路径删除,或将需要删除的路径拖曳到"删除当前路径"按钮 ■ 上,将路径删除。

3. 重命名路径

双击"路径"控制面板中的路径名,出现重命名路径文本框,改名后按 Enter 键即可,如图 9-44 所示。

图 9-44

9.3.5 选区和路径的转换

在"路径"控制面板中,可以将选区和路径相互转换。下面具体讲解选区和路径相互转换的方法和技巧。

1. 将选区转换成路径

将选区转换成路径,有以下几种方法。

▶ 使用"路径"控制面板弹出式菜单。建立选区,如图 9-45 所示。单击"路径"控制面板右上方的图标■,在弹出式菜单中选择"建立工作路径"命令,弹出"建立工作路径"对话框,如图 9-46 所示。在对

图 9-46

话框中,"容差"选项用于设定转换时的误差允许范围,数值越小越精确,路径上的关键点也越多。如果要编辑生成的路径,在此处设定的数值最好为 2,设置好后,单击"确定"按钮,将选区转换成路径,如图 9-47 所示。

图 9-45

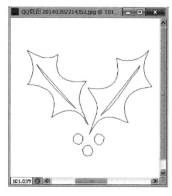

图 9-47

▶ 使用"路径"控制面板按钮。单击"路径"控制面板中的"从选区生成工作路径"按钮，将选区转换成路径。

2. 将路径转换成选区

将路径转换成选区，有以下几种方法。

▶ 使用"路径"控制面板弹出式菜单。建立路径，如图 9-48 所示。单击"路径"控制面板右上方的图标，在弹出式菜单中选择"建立选区"命令，弹出"建立选区"对话框，如图 9-49 所示。

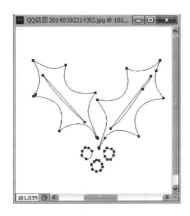

图 9-48

图 9-49

在"渲染"选项组中，"羽化半径"选项用于设定羽化边缘的数值；"消除锯齿"选项用于消除边缘的锯齿。在"操作"选项组中，"新建选区"选项可以由路径创建一个新的选区；"添加到选区"选项用于将由路径创建的选区添加到当前选区中；"从选区中减去"选项用于从一个已有的选区中减去当前由路径创建的选区；"与选区交叉"选项用于在路径中保留路径与选区的重复部分。

设置好后，单击"确定"按钮，将路径转换成选区，如图 9-50 所示。

▶ 使用"路径"控制面板按钮。单击"路径"控制面板中的"将路径作为选区载入"按钮，将路径转换成选区。

图 9-50

9.3.6 用前景色填充路径

用前景色填充路径，有以下几种方法。

▶ 使用"路径"控制面板弹出式菜单。建立路径，如图 9-51 所示，单击"路径"控制面板右上方的图标，在弹出式菜单中选择"填充路径"命令，弹出"填充路径"对话框，如图 9-52 所示。

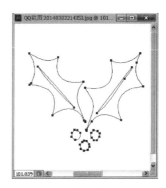

图 9-51

图 9-52

在对话框中，"内容"选项组用于设定使用的填充颜色或图案；"模式"选项用于设定混合模式；"不透明度"选项用于设定填充的不透明度；"保留透明区域"选项用于保护图像中的透明区域；"羽化半径"选项用于设定柔化边缘的数值；"消除锯齿"选项用于清除边缘的锯齿。

设置好后,单击"确定"按钮,用前景色填充路径的效果如图 9-53 所示。

图 9-53

▶ 使用"路径"控制面板按钮。单击"路径"控制面板中的"用前景色填充路径"按钮 。

按住 Alt 键,单击"路径"控制面板中的"用前景色填充路径"按钮 ,弹出"填充路径"对话框,如图 9-53 所示。

9.3.7 用画笔描边路径

用画笔描边路径,有以下几种方法。

▶ 使用"路径"控制面板弹出式菜单。建立路径,如图 9-54 所示,单击"路径"控制面板右上方的图标 ,在弹出式菜单中选择"描边路径"命令,弹出"描边路径"对话框,如图 9-55 所示,在"工具"选项的下拉列表中选择"画笔"工具,其下拉列表框中,共有 17 种工具可供选择。如果在当前工具箱中已经选择了"画笔"工具,该工具会自动地设置在此处。另外,在画笔属性栏中设定的画笔类型也会直接影响此处的描边效果。对画笔属性栏如图 9-56 所示进行设定,设置好后,单击"确定"按钮,用画笔描边路径的效果如图 9-57 所示。

图 9-54

图 9-55

图 9-56

图 9-57

提示:

如果在对路径进行描边时没有取消对路径的选定,则描边路径改为描边子路径,即只对选中的子路径进行描边。

▶ 使用"路径"控制面板按钮。单击"路径"控制面板中的"用画笔描边路径"按钮 。按住 Alt 键,单击"路径"控制面板中的"用画笔描边路径"按钮 ,弹出"描边路径"对话框,如图 9-57 所示。

9.3.8 剪贴路径

剪贴路径命令用于指定一个路径作为剪贴路径。

当在一个图像中定义了一个剪贴路径后,并把这个图像在其他软件中打开时,如果该软件同样支持剪贴路径的话,则路径以外的图像将是透明的。单击

"路径"控制面板右上方的图标，在弹出式菜单中选择"剪贴路径"命令，弹出"剪贴路径"对话框，如图9-58所示。

图 9-58

在对话框中，"路径"选项用于设定剪切路径的路径名称；"展平度"选项用于压平或简化可能因过于复杂而无法打印的路径。

9.3.9 路径面板选项

路径面板命令用于设定"路径"控制面板中缩览图的大小。

单击"路径"控制面板单击右上方的图标，在弹出式菜单中选择"面板选项"命令，弹出"路径面板选项"对话框，如图9-59所示，调整后的效果如图9-60

所示。

图 9-59

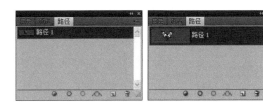

图 9-60

9.4 上机练习

练习 文字图案

创建如图9-61所示的文字特效。
【操作步骤提示】
(1) 使用"自定形状"工具绘制心形和螺旋线。
(2) 使用"横排文字工具"制作沿路径的文字。
(3) 设置文字的字体、字号和颜色。

图 9-61　文字特效

第十章

通道的应用

一个 Photoshop CS5 的专业人士,必定是一个应用通道的高手。本章将详细讲解通道的概念和操作方法。读者通过学习要能够合理地利用通道设计制作作品,使自己的设计作品更加专业。

 学习任务

- 通道的含义
- 通道控制面板
- 通道的操作

- 通道蒙版
- 通道运算
- 上机练习

10.1 通道的含义

Photoshop CS5 在"通道"控制面板中显示的颜色通道与所打开的图像文件有关。RGB 格式的文件包括红、绿和蓝 3 个颜色通道,如图 10-1 所示。而 CMYK 格式的文件则包括青色、洋红、黄色和黑色 4 个颜色通道,如图 10-2 所示。此外,在进行图像编辑时,新创建的通道称为 Alpha 通道。通道所存储的是选区,而不是图像的色彩。利用 Alpha 通道,可以做出许多独特的效果。

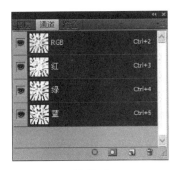 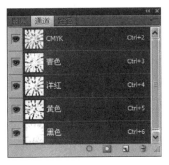

图 10-1　　　　　　　　　　　　图 10-2

如果想在图像窗口中单独显示各颜色通道的图像效果,可以按键盘上的快捷键。在 CMYK 颜色模式下,按 Ctrl+3 组合键,显示青色的通道图像;按 Ctrl+4 组合键、Ctrl+5 组合键、Ctrl+6 组合键,将分别显示洋红、黄色、黑色通道图像,效果如图 10-3 所示。按 Ctrl+2 组合键,将恢复显示 4 个通道的综合效果图像。

青色　　　　　　　洋红　　　　　　　黄色　　　　　　　黑色

图 10-3

10.2 通道控制面板

通道控制面板可以管理所有的通道并对通道进行编辑。选择一张图像,选择"窗口 → 通道"命令,弹出"通道"控制面板,效果如图 10-4 所示。

图 10-4

在"通道"控制面板中,放置区用于存放当前的图像中存在的所有通道。在通道放置区中,如果选中的只是其中一个通道,则只有此通道处于选中状态,此时该通道上会显示蓝色条,如果想选中多个通道,可以按住 Shift 键,再单击其他通道。通道左边的"眼睛"图标 用于打开或关闭显示颜色通道。

单击"通道"控制面板右上方的图标 ,弹出其下拉命令菜单,如图 10-5 所示。

在"通道"控制面板的底部有 4 个工具按钮,如图 10-6 所示。从左到右依次为:"将通道作为选区载入"工具 、"将选区存储为通道"工具 、"创建新通道"工具 和"删除当前通道"工具 。

"将通道作为选区载入"工具 用于将通道中的选择区域调出;"将选区存储为通道"工具 用于将

图 10-5

图 10-6

选择区域存入通道中,并可在后面调出来制作一些特殊效果;"创建新通道"工具 ▣ 用于创建或复制一个新的通道,此时建立的通道即为 Alpha 通道,单击该工具按钮,即可创建一个新的 Alpha 通道;"删除当前通道"工具 🗑 用于删除一个图像中的通道,将通道直接拖动到"删除当前通道"工具 🗑 按钮上,即可删除通道。

10.3　通道的操作

可以通过对图像的通道进行一系列的操作来编辑图像。

10.3.1 创建新通道

在编辑图像的过程中,可以建立新的通道,还可以在新建的通道中对图像进行编辑。新建通道,有以下几种方法。

▶ 使用"通道"控制面板弹出式菜单。单击"通道"控制面板右上方的图标 ▤ ,弹出其下拉命令菜单。在弹出式菜单中选择"新建通道"命令,弹出"新建通道"对话框,如图 10-7 所示。"名称"选项用于设定当前通道的名称;"色彩指示"选项组用于选择两种区域方式;"颜色"选项可以设定新通道的颜色;"不透明度"选项用于设定当前通道的不透明度。单击"确定"按钮,"通道"控制面板中会建好一个新通道,即"Alpha 1"通道,效果如图 10-8 所示。

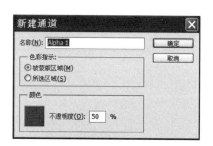

图 10-7

图 10-8

▶ 使用"通道"控制面板按钮。单击"通道"控制面板中的"创建新通道"按钮 ▣ ,即可创建一个新通道。

10.3.2 复制通道

复制通道命令用于将现有的通道进行复制,产生多个相同属性的通道。复制通道,有以下几种方法。

▶ 使用"通道"控制面板弹出式菜单。单击"通道"控制面板右上方的图标 ▤ ,弹出其下拉命令菜单。在弹出式菜单中选择"复制通道"命令,弹出"复制通道"对话框,如图 10-9 所示。

图 10-9

"为"选项用于设定复制通道的名称。"文档"选项用于设定复制通道的文件来源。

▶ 使用"通道"控制面板按钮。将"通道"控制面板中需要复制的通道拖放到下方的"创建新通道"按钮 ▣ 上,就可以将所选的通道复制为一个新通道。

10.3.3 删除通道

不用的或废弃的通道可以将其删除,以免影响操作。

删除通道有以下几种方法。

▶ 使用"通道"控制面板弹出式菜单。单击"通道"控制面板右上方的图标 ▤ ,弹出其下拉命令菜单。在弹出式菜单中选择"删除通道"命令。

▶ 使用"通道"控制面板按钮。单击"通道"控制面板中的"删除当前通道"按钮 🗑 ,弹出"删除通道"提示框,如图 10-10 所示,单击"是"按钮,将通道删除。

图 10-10

将需要删除的通道拖放到"删除当前通道"按钮上,也可以将其删除。

10.3.4 专色通道

专色通道是指除了 CMYK 四色以外单独制作的一个通道,用来放置金银色以及一些需要特别要求的专色。

1. 新建专色通道

单击"通道"控制面板右上方的图标,弹出其下拉命令菜单。在弹出式菜单中选择"新建专色通道"命令,弹出"新建专色通道"对话框,如图 10-11 所示。

图 10-11

在"新建专色通道"对话框中,"名称"选项的文本框用于输入新通道的名称;"颜色"选项用于选择特别颜色;"密度"选项的文本框用于输入特别色的显示透明度,数值在 0%~100%。

2. 制作专色通道

单击"通道"控制面板中新建的专色通道。选择"画笔"工具,在画笔工具属性栏中进行设定,如图 10-12 所示,在图像中合适的位置进行绘制,如图 10-13 所示。

图 10-12

图 10-13

提示:

前景色为黑色时,绘制时的专色是完全的。前景色是其他中间色时,绘制时的专色是不同透明度的特别色。前景色为白色时,绘制时的专色是没有的。

3. 将新通道转换为专色通道

选中"通道"控制面板中的"Alpha 1"通道,如图 10-14 所示。单击"通道"控制面板右上方的图标,弹出其下拉命令菜单。在弹出式菜单中选择"通道选项"命令,弹出"通道选项"对话框,选中"专色"单选项,其他选项如图 10-15 所示进行设定。单击"确定"按钮,将"Alpha 1"通道转换为专色通道,如图 10-16 所示。

图 10-14

图 10-15

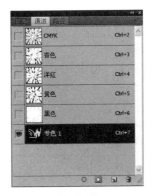

图 10-16

4. 合并专色通道

单击"通道"控制面板中新建的专色通道,如图 10-17 所示。单击"通道"控制面板右上方的图标▤,弹出其下拉命令菜单,在弹出式菜单中选择"合并专色通道"命令,将专色通道合并,如图 10-18 所示。

图 10-17

图 10-18

10.3.5 通道选项

通道选项命令用于设定 Alpha 通道。单击"通道"控制面板右上方的图标▤,弹出其下拉命令菜单,在弹出式菜单中选择"通道选项"命令,弹出"通道选项"对话框,如图 10-19 所示。

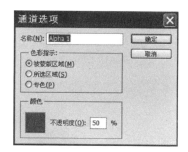

图 10-19

在对话框中,"名称"选项用于命名通道名称;"色

彩指示"选项组用于设定通道中蒙版的显示方式:"被蒙版区域"选项表示蒙版区为深色显示、非蒙版区为透明显示;"所选区域"选项表示蒙版区为透明显示、非蒙版区为深色显示;"专色"选项表示以专色显示;"颜色"选项用于设定填充蒙版的颜色;"不透明度"选项用于设定蒙版的不透明度。

10.3.6 分离与合并通道

分离通道命令可以把图像的每个通道拆分为独立的图像文件。合并通道命令可以将多个灰度图像合并为一个图像。

单击"通道"控制面板右上方的图标▤,弹出其下拉命令菜单,在弹出式菜单中选择"分离通道"命令,将图像中的每个通道分离成各自独立的 8 bit 灰度图像。分离前后的效果如图 10-20 所示。

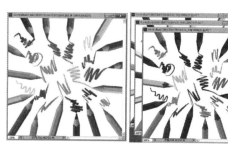

图 10-20

单击"通道"控制面板右上方的图标▤,弹出其下拉命令菜单,在弹出式菜单中选择"合并通道"命令,弹出"合并通道"对话框,如图 10-21 所示。

图 10-21

在对话框中,"模式"选项可以选择 RGB 颜色模式、CMYK 颜色模式、Lab 颜色模式或多通道模式。"通道"选项可以设定生成图像的通道数目,一般采用系统的默认设定值。

在对话框中选择"CMYK 模式",单击"确定"按钮,弹出"合并 CMYK 通道"对话框,如图 10-22 所示,在该对话框中,可以在选定的色彩模式中为每个通道指定一幅灰度图像,被指定的图像可以是同一幅图像,也可以是不同的图像,但这些图像的大小必须是相同的。在合并之前,所有要合并的图像都必须是打开的,尺寸要绝对一样,而且一定要为灰度图像,单击"确定"按钮,效果如图 10-23 所示。

图 10-22

图 10-24

图 10-23

图 10-25

10.3.7 通道面板选项

"通道面板选项"用于设定"通道"控制面板中缩览图的大小。

"通道"控制面板中的原始效果如图 10-24 所示，单击控制面板右上方的图标 ，弹出其下拉命令菜单，在弹出式菜单中选择"面板选项"命令，弹出"通道面板选项"对话框，如图 10-25 所示，调整后的效果如图 10-26 所示。

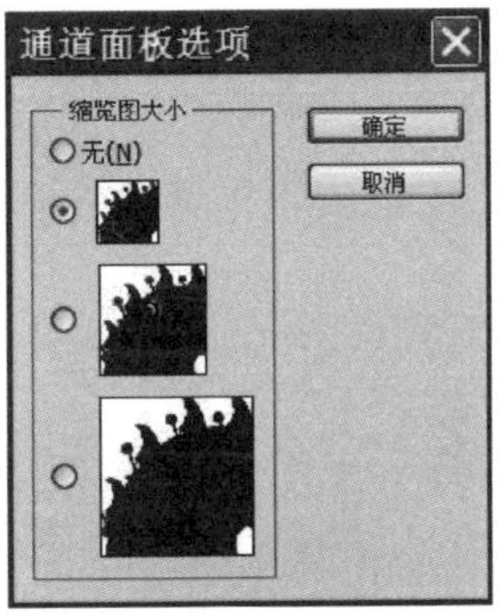

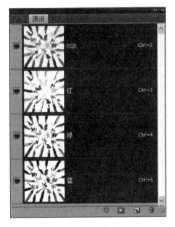

图 10-26

10.4 通道蒙版

通道蒙版的概念和操作提供了一种更方便、快捷和灵活的选择图像区域的方法，在实际应用中，颜色相近的图像区域的选择、羽化选区操作、抠像处理等工作使用蒙版完成将会更加便捷。

10.4.1 快速蒙版的制作

选择快速蒙版命令，可以使图像快速地进入蒙版编辑状态。

打开图像，如图 10-27 所示，选择"魔棒"工具，在魔棒工具属性栏中进行设定，如图 10-28 所示。连续单击背景区域，效果如图 10-29 所示。

图 10-27

图 10-30

图 10-28

图 10-31

图 10-29

单击工具箱下方的"以快捷蒙版模式编辑"按钮
[图]，进入蒙版状态，选区框暂时消失，图像的未选择区
域变为红色，如图 10-30 所示。"通道"控制面板将自
动生成"快速蒙版"通道，如图 10-31 所示。快速蒙版
图像如图 10-32 所示。

图 10-32

双击"快速蒙版"通道，弹出"快速蒙版选项"对话
框，可对快速蒙版进行设定。在对话框中，选择"被蒙
版区域"选项的单选框，如图 10-33 所示，单击"确定"
按钮，将被蒙板的区域进行蒙版，如图 10-34 所示。

在对话框中，选择"所选区域"选项，单击"确定"
按钮，将所选区域进行蒙版，如图 10-35 所示。

提示：

系统预设蒙版颜色为半透明的红色。

图 10-33

图 10-34

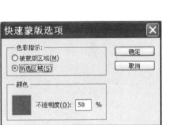

图 10-35

10.4.2 在 Alpha 通道中存储蒙版

可以将编辑好的蒙版保存到 Alpha 通道中。下面具体讲解存储蒙版的方法。

使用"磁性套索"工具 ，将图像中画的区域选取，如图 10-36 所示。

图 10-36

选择"选择 → 存储选区"命令，弹出"存储选区"对话框，如图 10-37 所示进行设定，单击"确定"按钮，建立通道蒙版"Alpha 1"，或选择"通道"控制面板中的"将选区存储为通道"按钮 ，建立通道蒙版"Alpha 1"，如图 10-38 所示。

图 10-37

图 10-38

135

将图像保存,再次打开图像时,选择"选择 → 载入选区"命令,弹出"载入选区"对话框,如图 10-39 所示进行设定,单击"确定"按钮,将通道"Alpha 1"的选区载入,或选择"通道"控制面板中的"将通道作为选区载入"按钮，将通道"Alpha 1"作为选区载入,如图 10-40 所示。

图 10-39

图 10-40

10.5　通道运算

通道运算可以按照各种合成方式合成单个或几个通道中的图像内容,通道运算的图像尺寸必须一致。

10.5.1 应用图像

应用图像命令可以计算处理通道内的图像,使像混合产生特殊效果。选择"图像 → 应用图像"命令,弹出"应用图像"对话框,如图 10-41 所示。

图 10-41

在对话框中,"源"选项用于选择源文件;"图层"选项用于选择源文件的层;"通道"选项用于选择源通道;"反相"选项用于在处理前先反转通道内的内容;"目标"选项能显示出目标文件的文件名、层、通道及色彩模式等信息;"混合"选项用于选择混色模式,即选择两个通道对应像素的计算方法;"不透明度"选项用于设定图像的不透明度;"蒙版"选项用于加入蒙版以限定选区。

提示:

应用图像命令要求源文件与目标文件的尺寸大小必须相同,因为参加计算的两个通道内的像素是一一对应的。

打开两幅图像,选择"图像 → 图像大小"命令,弹出"图像大小"对话框,分别将两张图像设置为相同的尺寸,设置好后,单击"确定"按钮,如图 10-42、图 10-43 所示。

图 10-42　　　　　　　图 10-43

在两幅图像的"通道"控制面板中分别建立通道蒙版,其中黑色表示遮住的区域。返回到两张图像的RGB 通道,如图 10-44、图 10-45 所示。

选中"花"文件,选择"图像 → 应用图像"命令,弹出"应用图像"对话框,设置完成后,单击"确定"按钮,如图 10-46,两幅图像混合后的效果如图 10-47 所示。

在"应用图像"对话框中,勾选"蒙版"选项的复选框,弹出蒙版的其他选项,勾选"反相"选项的复选框并设置其他选项,设置好后,单击"确定"按钮,两幅图像混合后的效果如图 10-48 所示。

图 10-44　　　　　　　　图 10-45

图 10-46

图 10-47

图 10-48

10.5.2 运算

计算命令可以计算处理两个通道内的相应内容，但主要用于合成单个通道的内容。

选择"图像 → 计算"命令，弹出"计算"对话框，如图 10-49 所示。

图 10-49

在对话框中，第 1 个选项组的"源 1"选项用于选择源文件 1；"图层"选项用于选择源文件 1 中的层；"通道"选项用于选择源文件 1 中的通道；"反相"选项用于反转。第 2 个选项组的"源 2"等选项用于选择源文件 2 的相应信息；"混合"选项用于选择混色模式；"不透明度"选项用于设定不透明度；"结果"选项用于指定处理结果的存放位置。

"计算"命令尽管与"应用图像"命令一样都是对两个通道的相应内容进行计算处理的命令，但是二者也有区别。用"应用图像"命令处理后的结果可作为源文件或目标文件使用，而用"计算"命令处理后的结果则存成一个通道，如存成 Alpha 通道，使其可转变为选区以供其他工具使用。

选择"图像 → 计算"命令，弹出"计算"对话框，如图 10-50 所示进行设置，单击"确定"按钮，两张图像通道运算后的新通道效果如图 10-51 所示。

图 10-50

图 10-51

对两幅图像进行通道运算时,在"计算"对话框中设置不同的选项,所产生的新通道效果也不同。选择"图像 → 计算"命令,弹出"计算"对话框,如图 10-52 左图所示进行设置,单击"确定"按钮,效果如图 10-53 右图所示。

图 10-52

选择"图像 → 计算"命令,弹出"计算"对话框,如

图 10-53 左图所示进行设置,单击"确定"按钮,效果如图 10-53 右图所示。

图 10-53

选择"图像 → 计算"命令,弹出"计算"对话框,如图 10-54 左图所示进行设置,单击"确定"按钮,效果如图 10-54 右图所示。

图 10-54

10.6 上机练习

练习 明日黄花

使用蒙版创建如图 10-55 所示的黑白图片中的彩色效果。

【操作步骤提示】

(1) 复制背景图层。

(2) 使用"去色"命令将复制图层的图像变为黑白图像;使用"色阶"命令增加黑白图像的亮度。

(3) 为复制图层添加图层蒙版,使用画笔工具以黑色在蒙版中涂抹露出黄色的花朵。

图 10-55

第十一章

滤镜效果

本章将详细介绍滤镜的功能和特效。读者通过学习要了解并掌握滤镜的各项功能和特点，通过反复地实践练习，可制作出丰富多彩的图像效果。

学习任务

- 滤镜菜单介绍
- 滤镜与图像模式
- 滤镜效果介绍

- 滤镜使用技巧
- 上机练习

11.1 滤镜菜单介绍

在 Photoshop CS5 的滤镜菜单下提供了多种功能的滤镜,选择这些滤镜命令,可以制作出奇妙的图像效果。

单击"滤镜"菜单,弹出如图 11-1 所示的下拉菜单。Photoshop CS5 滤镜菜单被分为 5 部分,并已用横线划分开。

图 11-1

第 1 部分是最近一次使用的滤镜,当没有使用滤镜时,它是灰色的,不可以选择。当使用一种滤镜后,需要重复使用这种滤镜时,只要直接选择这种滤镜或按 Ctrl+F 组合键,即可重复使用。

第 2 部分是转换智能滤镜部分,单击此命令可以将普通滤镜转换为智能滤镜。

第 3 部分是 4 种 Photoshop CS5 滤镜,每个滤镜的功能都十分强大。

第 4 部分是 13 种 Photoshop CS5 滤镜,每个滤镜中都有包含其他滤镜的子菜单。

第 5 部分是浏览联机滤镜。

11.2 滤镜与图像模式

当打开一幅图像,并对其使用滤镜时,必须了解图像模式和滤镜的关系。RGB 颜色模式可以使用 Photoshop CS5 中的任意一种滤镜。不能使用滤镜的图像模式有位图、16 位灰度图、索引颜色和 48 位 RGB 图。在 CMYK 和 Lab 颜色模式下,不能使用的滤镜有画笔描边、视频、素描、纹理和艺术效果等。

11.3 滤镜效果介绍

Photoshop CS5 的滤镜有着很强的艺术性和实用性,能制作出五彩缤纷的图像效果。下面将具体介绍各种滤镜的使用方法和应用效果。

11.3.1 滤镜库

滤镜库将常用滤镜组合在一个面板中,以折叠菜单的方式显示,并为每一个滤镜提供了直观效果预览,使用十分方便。

打开一幅图像,如图 11-2 所示。选择"滤镜 → 滤镜库"命令,弹出"滤镜库"对话框。对话框中部为滤镜列表,每个滤镜组下面包含了多个很有特色的滤镜,单击需要的滤镜组,可以浏览滤镜组中的各个滤镜及其效果,再从中选择需要的滤镜,如图 11-3 所示。

"滤镜库"对话框左侧为图像效果预览窗口,单击预览窗口下面的 ⊞ 按钮,可以放大预览图像,百分比数值按钮中显示出放大图像的百分比数值。单击预览窗口下面的 ⊟ 按钮,可以缩小预览图像,百分比数值按钮中显示出缩小图像的百分比数值。单击预览窗口下面的百分比数值按钮 100% ▼,弹出百分比

数值列表,在该列表中可以选择需要的百分比数值来预览图像,如图 11-4 所示。还可以通过拖曳滑动条来观察放大后的图像。

图 11-2

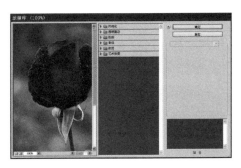

图 11-3

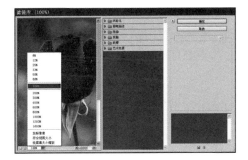

图 11-4

"滤镜库"对话框右侧中部为滤镜的设置区,单击滤镜列表框 塑料包装，可以在下拉列表中选择需要的滤镜,如图 11-5 所示。在滤镜的设置区中,还可以设置选中的滤镜的各项参数。

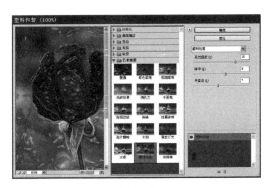

图 11-5

对话框右侧底部为滤镜效果编辑区,单击关闭 图标,可以显示图像的原始效果;单击"新建效果图层"按钮 ,可以继续对图像应用上一次的滤镜效果;单击"删除效果图层"按钮 ,可以删除上一次应用的滤镜效果。

在对话框右侧上部,单击 按钮,可以将图像效果预览窗口最大化。在对话框中完成参数设置后,单击"确定"按钮,图像的滤镜效果如图 11-6 所示。

图 11-6

11.3.2 "液化"滤镜

使用"液化"滤镜命令,可以制作出各种类似"液化"的图像变形效果,如图 11-7 所示。

图 11-7

1. 工具箱

"液化"滤镜命令的工具箱中包含了 12 种应用工具,其中包括向前变形工具 、重建工具 、顺时针旋转扭曲工具 、褶皱工具 、膨胀工具 、左推工具 、镜像工具 、湍流工具 、冻结蒙版工具 、解冻蒙版工具 、抓手工具 以及缩放工具 。下面,我们分别对这些工具加以介绍。

▶ 向前变形工具 :该工具可以移动图像中的像素,达到变形的效果。

▶ 重建工具 :使用该工具在变形的区域单击鼠标或拖动鼠标进行涂抹,可以使变形区域的图像恢复到原始状态。

▶ 顺时针旋转扭曲工具 :使用该工具在图像中单击鼠标或移动鼠标时,图像会被顺时针旋转扭曲;当按住 Alt 键单击鼠标时,图像则会被逆时针旋转扭曲。

▶ 褶皱工具 ⬚:使用该工具在图像中单击鼠标或移动鼠标时,可以使像素向画笔中间区域的中心移动,使图像产生收缩的效果。

▶ 膨胀工具 ⬚:使用该工具在图像中单击鼠标或移动鼠标时,可以使像素向画笔中心区域以外的方向移动,使图像产生膨胀的效果。

▶ 左推工具 ⬚:该工具的使用可以使图像产生挤压变形的效果。使用该工具垂直向上拖动鼠标时,像素向左移动;向下拖动鼠标时,像素向右移动。当按住 Alt 键垂直向上拖动鼠标时,像素向右移动;向下拖动鼠标时,像素向左移动。若使用该工具围绕对象顺时针拖动鼠标,可增加其大小;若顺时针拖动鼠标,则减小其大小。

▶ 镜像工具 ⬚:使用该工具在图像上拖动可以创建与描边方向垂直区域的影像的镜像,创建类似于水中的倒影效果。

▶ 湍流工具 ⬚:使用该工具可以平滑地混杂像素,产生类似火焰、云彩、波浪等效果。

▶ 冻结蒙版工具 ⬚:使用该工具可以在预览窗口绘制出冻结区域,在调整时,冻结区域内的图像不会受到变形工具的影响。

▶ 解冻蒙版工具 ⬚:使用该工具涂抹冻结区域能够解除该区域的冻结。

▶ 抓手工具 ⬚:放大图像的显示比例后,可使用该工具移动图像,以观察图像的不同区域。

▶ 缩放工具 ⬚:使用该工具在预览区域中单击可放大图像的显示比例;按下 Alt 键在该区域中单击,则会缩小图像的显示比例。

2. 工具选项

工具选项是用来设置当前所选工具的各项属性,如图 11-8 所示。

图 11-8

▶ 画笔大小:用来设置扭曲图像的画笔宽度。

▶ 画笔密度:用来设置画笔边缘的羽化范围。

▶ 画笔压力:用来设置画笔在图像上产生的扭曲速度,较低的压力适合控制变形效果。

▶ 画笔速率:用来设置重建、膨胀等工具在画面

上单击时的扭曲速度,该值越大,扭曲速度越快。

▶ 湍流抖动:用来设置湍流工具混杂像素的紧密程度。

▶ 重建模式:用来设置重建工具如何重建预览图像区域。

▶ 光笔压力:当计算机配置有数位板和压感笔时,勾选该项可通过压感笔的压力控制工具的属性。

3. 重建选项

用来设置重建的方式,以及撤销所做的调整,如图 11-9 所示。

图 11-9

▶ 模式:在该选项的下拉列表中可以选择重建的模式。列表中包括"刚性"、"生硬"、"平滑"、"松散"以及"恢复"这五个选项。

▶ 重建:单击该按钮可对图像应用重建效果一次,单击多次即可对图像应用多次重建效果。

▶ 恢复全部:单击该按钮可以去除扭曲效果,就算是冻结区域中的扭曲效果同样会被去除。

4. 蒙版选项

当图像中包含选区或蒙版时,可以通过蒙版选项对蒙版的保留方式进行设置,如图 11-10 所示。

图 11-10

▶ 替换选区:显示原图像中的选区、蒙版或者透明度。

▶ 添加到选区:显示原图像中的蒙版,此时可以使用冻结工具添加到选区。

▶ 从选区中减去:从当前的冻结区域中减去通道中的像素。

▶ 与选区交叉:只使用当前处于冻结状态的选定像素。

▶ 反相选区:使用选定像素使当前的冻结区域反相。

▶ 无:单击该项后,可解冻所有被冻结的区域。

▶ 全部蒙版:单击该项后,会使图像全部被冻结。

▶ 全部相反:单击该项后,可使冻结和解冻的区域对调。

5. 视图选项

视图选项是用来设置是否显示图像、网格或背景的,还可以设置网格的大小和颜色、蒙版的颜色、背景模式以及不透明度,如图 11-11 所示。

图 11-11

▶ 显示图像:勾选该项后,可在预览区中显示图像。

▶ 显示网格:勾选该项后,可在预览区中显示网格,使用网格可帮助您查看和跟踪扭曲。可以选取网格的大小和颜色,也可以存储某个图像中的网格并将其应用于其他图像。

▶ 显示蒙版:勾选该项后,可以在冻结区域显示覆盖的蒙版颜色。在调整选项中,可以设置蒙版的颜色。

▶ 显示背景:可以选择只在预览图像中显示现用图层,也可以在预览图像中将其他图层显示为背景。

11.3.3 "消失点"滤镜

"消失点"滤镜可以制作建筑物或任何矩形对象的透视效果。

打开图像→"滤镜"→"消失点"。图 11-12 是消失点的工作界面。

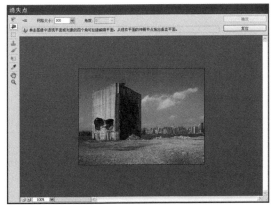

图 11-12

▶ "编辑平面工具" :选择、编辑、移动平面并调整平面大小。

▶ "创建平面工具" :定义平面的四个角节点、调整平面的大小和形状并拉出新的平面。

▶ "选框工具" :建立方形或矩形选区,同时移动或仿制选区。

▶ "图章工具" :使用图像的一个样本绘画。与仿制图章工具不同,消失点中的图章工具不能仿制其它图像中的元素。

▶ "画笔工具" :用平面中选定的颜色绘画。

▶ "变换工具" :通过移动外框手柄来缩放、旋转和移动浮动选区。它的行为类似于在矩形选区上使用"自由变换"命令。

▶ "吸管工具" :在预览图像中单击时,选择一种用于绘画的颜色。

▶ "测量工具" :在平面中测量项目的距离和角度。

▶ 缩放工具 :在预览窗口中放大或缩小图像的视图。

▶ "抓手工具" :在预览窗口中移动图像。

提示:

要临时在预览图像中缩放,请按住"x"键。这一点对于在定义平面时放置角节点和处理细节特别有用。

11.3.4 课堂案例——应用消失点选区创建图像

【学习目标】学习使用消失点命令制作出需要的效果。

【知识要点】使用消失点工具创建图像,最终效果如图 11-13 所示。

图 11-13

（1）按 Ctrl＋O 组合键，打开素材文件，如图 11-14 所示。

图 11-14

（2）打开"高楼 PSD"，如图 11-15 所示，"编辑—拷贝"，创建剪贴板。

图 11-15

（3）回到"背景"，滤镜/消失点，进入消失点滤镜的编辑界面。选择"创建平面工具" ，先编辑各透视框，选择"编辑平面工具" ，调整透视框如图 11-16 所示。

图 11-16

（4）选择"创建平面工具" ，拖动现有平面的定界框的边缘节点（而不是角节点）。新平面将沿原始平面成 90 度角拉出，如图 11-17 所示。

图 11-17

（5）用同样方法，可创建多个新平面，如图 11-18 所示。

图 11-18

（6）按 Ctrl＋V 键，将剪贴板粘贴到"消失点"中，变为一个浮动选区。可以缩放、旋转、移动或仿制该选区，如图 11-19 所示。

图 11-19

（7）移动浮动选区到一个平面中，选择"变换工具" ，调整位置和大小，如图 11-20 所示。

图 11-20

（8）按住 Alt 键，移动浮动选区到新的平面中，调整位置和大小，如图 11-21 所示。

图 11-21

（9）用同样方法，移动浮动选区到其他平面中，点击 Enter 键，退出操作界面，显示画面效果，如图 11-22 所示。

图 11-22

（10）打开"风景"图片，通过菜单栏中的"选择→全选"，进而选择"编辑""拷贝"，关闭"风景"图片。此时，风景图片已粘贴到高楼图片中，调整其位置和大

小，效果如图 11-23 所示。

图 11-23

（11）在风景层创建图层蒙板，作白、黑线性渐变，效果如图 11-24 所示。

图 11-24

（12）合并图层后，作曲线调整，效果图如图 11-25 所示。

图 11-25

11.3.5 "像素化"滤镜

1. 彩块化

使用"彩块化"滤镜可以使图像中纯色或颜色相近的像素结成相近颜色的像素块。使用该滤镜可以

使扫描的图像看起来像手绘图像,或者实现图像的抽象派效果,如图 11-26 所示。

原图   彩块化滤镜效果

图 11-26

2. 彩色半调与点状化

"彩色半调"滤镜是在图像的每个通道上使用放大的半调网屏效果,对于每个通道,滤镜都将图像划分为矩形,并用圆形替换每个矩形。使用"点状化"滤镜可将图像中的颜色分解为随机分布的网点,得到手绘的点状化效果,如图 11-27 所示。

原图   彩色单调滤镜效果   点状化滤镜效果

图 11-27

3. 晶格化与马赛克

使用"晶格化"滤镜可以使像素结块形成多边形纯色效果。"马赛克"滤镜可以将图像中的像素结成方块状,并使每一个方块中的像素颜色相同,如图 11-28 所示。

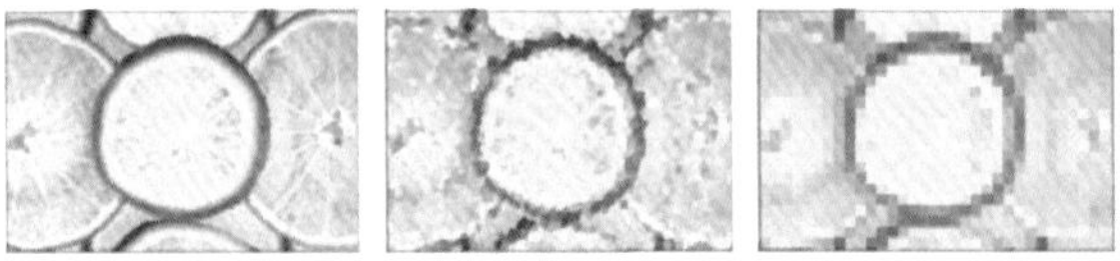

原图   晶格化滤镜效果   马赛克滤镜效果

图 11-28

4. 碎片与铜版雕刻

使用"碎片"滤镜可以对选区中的像素进行 4 次复制,然后将 4 个副本平均轻移,使图像产生不聚焦的模糊效果。使用"铜版雕刻"滤镜可以将图像转换为黑白区域的随机图案或彩色图像中完全饱和颜色的随机图案,如图 11-29 所示。

原图   碎片滤镜效果   铜板雕刻效果

图 11-29

11.3.6 "扭曲"滤镜

1. 波浪与海洋波纹

"波浪"滤镜用于在图像上创建波状起伏的图案,可以制作出波浪效果。使用"海洋波纹"滤镜可以将随机分隔的波纹添加到图像表面,使图像看上去像在水中一样。

2. 波纹与水波

"波纹"滤镜是通过在选区上创建波状起伏的图案来模拟水池表面的波纹。使用"水波"滤镜可根据图像像素的半径将选区径向扭曲,从而产生类似于水波的效果,如图 11-30 所示。

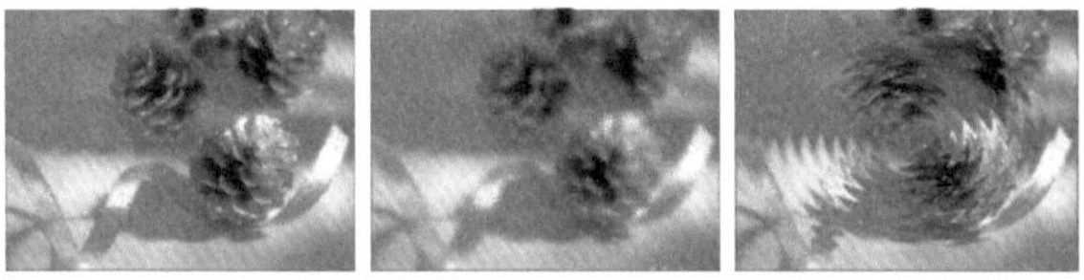

原图   波纹滤镜效果   水波滤镜效果

图 11-30

3. 玻璃与极坐标

使用"玻璃"滤镜可以使图像看起来像是透过不同类型的玻璃看到的图像效果。应用"极坐标"滤镜时,可以选择将选区从平面坐标转换到极坐标,或者将选区从极坐标转换到平面坐标,从而产生扭曲变形的图像效果,如图 11-31 所示。

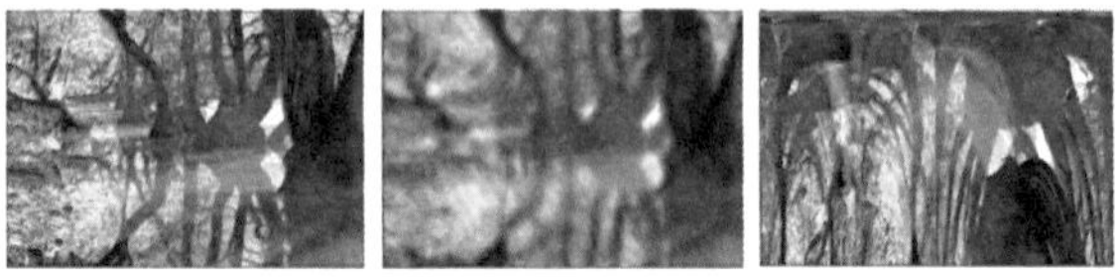

原图   玻璃滤镜效果   极坐标滤镜效果

图 11-31

4. 挤压与球面化

使用"挤压"滤镜可以挤压选区内的图像,从而使图像产生凸起或凹陷的效果。使用"球面化"滤镜可以在图像的中心产生球形的凸起或凹陷效果,使对象具有 3D 效果。

5. 扩散亮光与旋转扭曲

使用"扩散亮光"滤镜可以通过扩散图像中的白色区域,使图像从选区中心向外渐隐亮光,从而产生朦胧效果。使用"旋转扭曲"滤镜可以旋转选区内的图像,图像中心的旋转程度比边缘的旋转程度大,如图 11-32 所示。

6. 切变

使用"切变"滤镜可以通过调整"切变"对话框中的曲线来扭曲图像,如图 11-33 所示。

原图　　　　　扩散亮光滤镜效果　　　旋转扭曲滤镜效果

图 11-32

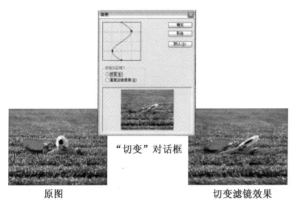

"切变"对话框

原图　　　　　　　　　　　切变滤镜效果

图 11-33

7. 置换

使用"置换"滤镜需要使用一个 PSD 格式的图像作为置换图，然后对置换图进行相关的设置，以确定当前图像如何根据位移图发生弯曲、破碎的效果，如图 11-34 所示。

原图　　　　　　　　　　　设置参数值

选择置换滤镜效果　　　　　最终效果

图 11-34

11.3.7 "杂色"滤镜

1. 减少杂色与添加杂色

使用"减少杂色"滤镜可以减少图像中的杂色，同时保留图像的边缘。使用"添加杂色"滤镜可以在图像中应用随机像素，使图像产生颗粒状效果，常用于修饰图像中不自然的区域，如图 11-35 所示。

原图　　　　　减少杂色滤镜效果　　　添加杂色滤镜效果

图 11-35

2. 蒙尘与划痕和中间值

"蒙尘与划痕"滤镜通过更改像素来减少图像中的杂色。"中间值"滤镜通过混合像素的亮度来减少图像中的杂色，如图 11-36 所示。

原图　　　　　蒙尘划痕滤镜效果　　　中间值滤镜效果

图 11-36

3. 去斑

使用"去斑"滤镜可以检测图像边缘并模糊去除相应边缘的选区，可以在去除图像中的杂色的同时保留细节图像，如图 11-37 所示。

原图　　　　　　　　　　　去斑滤镜效果

图 11-37

11.3.8 "渲染"滤镜

1. 云彩与分层云彩

"云彩"滤镜是使用介于前景色和背景色之间的随机值生成柔和的云彩图案。"分层云彩"滤镜与"云彩"滤镜的原理相同，但是使用"分层云彩"滤镜时，图像中的某些部分会被反相为云彩图案，如图 11-38 所示。

2. 光照效果与镜头光晕

使用"光照效果"滤镜可以给 RGB 格式的图像增加不同的光照效果，还可以使用灰度格式的图像纹理创建类似于 3D 效果的图像，并可存储自建的光照样式，以便应用于其他图像。使用"镜头光晕"滤镜可以模拟亮光照射到相机镜头所产生的折射效果，如图 11-39 所示。

"新建"对话框

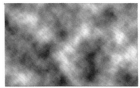 

云彩滤镜效果　　　　分层云彩滤镜效果

图 11-38

原图　　　光照滤镜效果　　镜头光晕滤镜效果

图 11-39

3. 纤维

"纤维"滤镜是使用前景色和背景色创建编制纤维的外观。新建一个文件,设置前景色为默认色,然后执行"滤镜→渲染→纤维"命令,在打开的"纤维"对话框中设置各项参数,然后单击"确定"按钮,制作出纤维效果图像,如图 11-40 所示。

"纤维"对话框

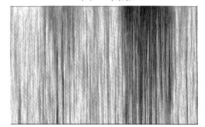

纤维滤镜效果

图 11-40

11.3.9 "画笔描边"滤镜

1. 成角的线条

"成角的线条"滤镜使用对角描边重新绘制图像,用相反方向的线条来绘制亮部区域和暗部区域,如图 11-41 所示。

设置参数值

原图　　　　　　成角的线条滤镜效果

图 11-41

2. 墨水轮廓

"墨水轮廓"滤镜采用钢笔画的风格,用纤细的线条在原细节上重绘图像,如图 11-42 所示。

设置参数值

原图　　　　　墨水轮廓滤镜效果

图 11-42

3. 喷溅和喷色描边

使用"喷溅"滤镜可以模拟喷溅枪的效果,以简化图像的整体效果。"喷色描边"滤镜可以使用图像的主色,用成角的喷溅的颜色线条重新绘画图像。

4. 强化的边缘与深色线条

使用"强化的边缘"滤镜可以强化图像的边缘。设置高的边缘亮度时,强化效果类似于白色粉笔;设置低的边缘亮度时,强化效果类似于黑色油墨。"深色线条"滤镜使用短的绷紧的深色线条绘制暗部区域,使用长的白色线条来控制亮部区域,如图11-43所示。

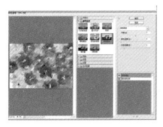

设置参数值

 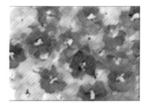

原图　　　　　　　深色线条滤镜效果

图 11-43

5. 烟灰墨

使用"烟灰墨"滤镜可以制作日本画风格的效果,使图像看起来像用蘸满油墨的画笔在宣纸上绘制而成,同时用非常黑的油墨创建柔和的模糊边缘,如图 11-44 所示。

设置参数值

原图　　　　　　　烟灰墨滤镜效果

图 11-44

6. 阴影线

使用"阴影线"滤镜可以保留原始图像的细节和

特征,同时使用模拟的铅笔阴影线添加纹理,并可使彩色区域的边缘变得粗糙,如图 11-45 所示。

设置参数值

原图　　　　　　　阴影线滤镜效果

图 11-45

11.3.10 "素描"滤镜

1. 半调图案与便条纸

"半调图案"滤镜是使用前景色和背景色,在保持图像中连续色调范围的同时模拟半调网屏的效果。使用"便条纸"滤镜可以使图像简化,制作出具有浮雕凹陷和纸颗粒感纹理的效果,如图 11-46 所示。

原图　　　　半调图案滤镜效果　　　便条纸滤镜效果

图 11-46

2. 粉笔和炭笔与绘画笔

使用"粉笔和炭笔"滤镜可以重绘图像的高光和中间调,在图像的阴影区域用黑色对角炭笔线条进行替换,并使用粗糙粉笔绘制中间调的灰色背景。"绘画笔"滤镜是使用细小的线状油墨描边以捕捉原图像中的细节,使用前景色作为油墨,使用背景色作为纸张,以替换原图像中的颜色,如图11-47所示。

原图　　　粉笔和炭灰滤镜效果　　　绘画笔滤镜

图 11-47

3. 铬黄

使用"铬黄"滤镜可以渲染图像,使图像具有擦亮的铬黄表面效果。打开一个图像文件,执行"滤镜→素描→铬黄"命令,在打开的"铬黄"对话框中进行参数值设置,单击"确定"按钮,制作出擦亮的铬黄表面图像效果,如图 11-48 所示。

设置参数值

 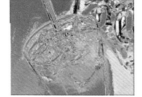

原图　　　　　　　　铬黄滤镜效果

图 11-48

4. 基底凸现与塑料效果

使用"基底凸现"滤镜可以使凸显呈现较为细腻的浮雕效果,并可根据需要加入光照效果,以突出浮雕表面的变化。使用"塑料效果"滤镜可以按照 3D 塑料效果来制作图像,结合前景色与背景色为图像着色,如图 11-49 所示。

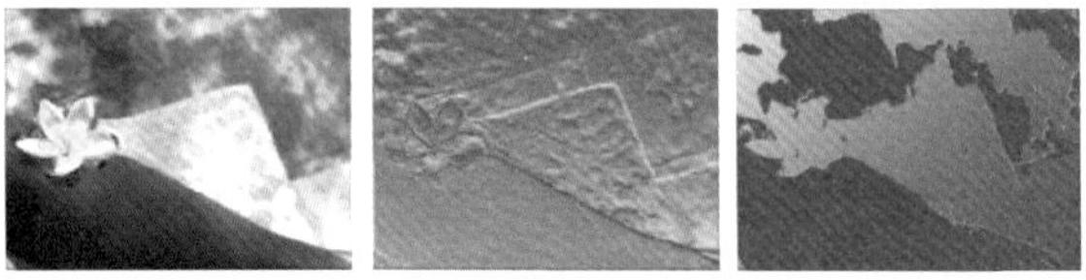

原图　　　基底凸现滤镜效果　　塑料滤镜效果

图 11-49

5. 水彩画纸

"水彩画纸"滤镜是利用有污点的图案在潮湿的纤维纸上的涂抹,以制作颜色流动并混合的特殊艺术效果,如图 11-50 所示。

6. 撕边与图章

使用"撕边"滤镜可使图像由粗糙撕破的纸片状重建图像,用前景色与背景色为图像着色。用"图章"滤镜可以简化图像,使图像效果类似于用橡皮或木制图章创建而成,如图 11-51 所示。

7. 炭笔与炭精笔

使用"炭笔"滤镜可以使图像产生色调分离的涂抹效果,图像中的主要边缘由粗线条进行绘制,而中间色调用对角描边进行绘制。使用"炭精笔"滤镜可以在图像上模拟浓黑和纯白的炭精笔纹理,用前景色描绘暗部区域,用背景色描绘亮部区域,如图 11-52 所示。

图 11-50

图 11-51

原图　　　炭笔滤镜效果　　炭精笔滤镜效果

图 11-52

8. 网状与影

使用"网状"滤镜可以模拟胶片乳胶的可控收缩和扭曲来创建图像,使图像在阴影部分呈现结块状,在高光部分呈现轻微颗粒化效果。使用"影印"滤镜可以模仿由前景色和背景色模拟复印机的影印图像效果,只复制图像的暗部区域,而将中间色调改为黑色或白色,如图 11-53 所示。

原图　　　网状滤镜效果　　影印滤镜效果

图 11-53

11.3.11 "纹理"滤镜

1. 龟裂缝与染色玻璃

使用"龟裂缝"滤镜可将图像绘制在一个高凸现

的石膏表面上,以表现图像等高线水彩精细的网状裂缝,还可以对包含多种颜色值或灰度值的图像创建浮雕效果。使用"染色玻璃"滤镜可以将图像重新绘制为玻璃拼贴起来的效果,生成的玻璃块之间的缝隙会使用前景色来填充,如图11-54所示。

原图　　　　龟裂缝滤镜效果　　　染色玻璃滤镜效果

图 11-54

2. 颗粒与马赛克拼贴

使用"颗粒"滤镜可以利用不同的颗粒类型在图像中添加不同的纹理。使用"马赛克拼贴"可以渲染图像,使图像看起来像是由很多碎片拼贴而成,在拼贴之间还有深色的缝隙,如图 11-55 所示。

原图　　　　颗粒滤镜效果　　　马赛克拼贴滤镜效果

图 11-55

3. 拼缀图与纹理化

使用"拼缀图"滤镜可以将图像分解为若干个正方形,而每个正方形都是用图像中该区域的主色填充的。使用"纹理化"滤镜可以将选择或创建的纹理应用于图像,如图11-56所示。

原图　　　　拼缀图滤镜效果　　　纹理化滤镜效果

图 11-56

11.3.12 "艺术效果"滤镜

1. 壁画与干画笔

"壁画"滤镜是用小块颜料以短而圆的粗略涂抹的笔触重新绘制一种粗糙风格的图像。使用"干画笔"滤镜可以制作用干画笔技术绘制边缘的图像。此滤镜通过将图像的颜色范围减小为普通颜色范围来简化图像,如图11-57所示。

原图　　　　壁画滤镜效果　　　干壁画滤镜效果

图 11-57

2. 彩色铅笔与粗糙蜡笔

使用"彩色铅笔"滤镜可以制作用各种颜色的铅笔在纯色背景上绘制的图像效果,所绘图像中重要的边缘被保留,外观以粗糙阴影线状态显示。使用"粗糙蜡笔"滤镜可在布满纹理的图像背景上应用彩色画笔描边,如图11-58所示。

原图　　　　彩色铅笔滤镜效果　　　粗糙蜡笔滤镜效果

图 11-58

3. 底纹效果与胶片颗粒

使用"底纹效果"滤镜可以在带纹理的背景上绘制图像,然后将最终图像绘制在原图像上。使用"胶片颗粒"滤镜可以将平滑图案应用在图像的阴影和中间色调部分,将一种更平滑、更高饱和度的图案添加到亮部区域,如图 11-59 所示。

原图　　　　底纹效果滤镜效果　　　胶片颗粒滤镜效果

图 11-59

4. 调色刀与木刻

使用"调色刀"滤镜可以减少图像中的细节,得到描绘得很淡的画布效果。使用"木刻"滤镜可以将图像描绘成由几层边缘粗糙的彩纸剪片组成的效果,如图 11-60 所示。

原图　　　　调色刀滤镜效果　　　木刻滤镜效果

图 11-60

5. 海报边缘与水彩

使用"海报边缘"滤镜可以减少图像中的颜色数量,查找图像的边缘并在边缘上绘制黑色线条。"水彩"滤镜以水彩的风格绘制图像,如使用蘸了水和颜料的中号画笔绘制简化了的图像细节,使图像颜色饱满,如图 11-61 所示。

原图　　　海报边缘滤镜效果　　　水彩滤镜效果

图 11-61

6. 海绵与霓虹灯光

"海绵"滤镜使用颜色对比强烈且纹理较重的区域绘制图像,得到类似海绵绘画的效果。使用"霓虹灯光"滤镜可以将各种类型的灯光添加到图像中的对象上,得到类似霓虹灯一样的发光效果,如图 11-62 所示。

原图　　　海绵滤镜效果　　　霓虹灯光滤镜效果

图 11-62

7. 绘画涂抹、塑料包装与涂抹棒

使用"绘画涂抹"滤镜可以选取各种大小和类型的画笔来创建绘画效果,使图像产生模糊的艺术效果。使用"塑料包装"滤镜可以给图像涂上一层光亮的塑料,以强化图像中的线条及表面细节。而"涂抹棒"滤镜则是使用黑色的短线条来涂抹图像的暗部区域,使图像显得更加柔和。

11.3.13 "模糊"滤镜

1. 表面模糊

使用"表面模糊"滤镜可以使图像在保留边缘的同时添加模糊效果,此滤镜可用于创建特殊效果并消除杂色或颗粒度,如图 11-63 所示。

2. 动感模糊与径向模糊

使用"动感模糊"滤镜可使图像沿着指定方向且以指定强度进行模糊。此滤镜的效果类似于以固定的曝光时间给一个正在移动的对象拍照。使用"径向模糊"滤镜可以模拟移动或旋转的相机所产生的模糊效果。

3. 方框模糊

"方框模糊"滤镜是基于相邻像素的平均颜色值

来模糊图像。此滤镜用于创建特殊效果,可以用于计算给定像素的平均值的区域大小,设置的半径越大,产生的模糊效果越明显,如图 11-64 所示。

设置参数值

原图　　　　　　　表面模糊滤镜效果

图 11-63

设置参数值

原图　　　　　　　方块模糊滤镜效果

图 11-64

4. 高斯模糊与特殊模糊

"高斯模糊"滤镜是通过控制模糊半径对图像进行模糊效果处理,使用此滤镜可为图像添加低频细节,并产生朦胧效果。使用"特殊模糊"滤镜可精确模糊图像。

5. 模糊与进一步模糊

"模糊"滤镜与"进一步模糊"滤镜都是在图像中有显著颜色变化的地方消除杂色,从而产生轻微的模糊效果。

6. 镜头模糊和形状模糊

使用"镜头模糊"滤镜可以为图像添加模糊效果,从而产生更强的景深效果,以便使图像中的一些对象在焦点内,而使另一些区域变得模糊,如图 11-65 所示。

原图　　　　　　镜像模糊　　　　　　形状模糊

图 11-65

7. 平均

使用"平均"滤镜可以找出图像或选区的平均颜色,然后用该颜色填充图像或选区,可以使图像得到平滑的外观,如图 11-66 所示。

执行"平均"命令

 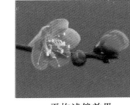

创建选区　　　　　　平均滤镜效果

图 11-66

11.3.14 "锐化"滤镜

1. 锐化与进一步锐化

"锐化"滤镜是通过增大像素之间的反差来使模糊的图像变清晰。"进一步锐化"滤镜也是运用同样的原理来使图像产生清晰的效果。"进一步锐化"滤镜比"锐化"滤镜的锐化效果更强,如图 11-67 所示。

原图　　　锐化滤镜效果　　进一步锐化滤镜效果

图 11-67

2. 锐化边缘与 USM 锐化

使用"锐化边缘"滤镜只对图像的边缘进行锐化,而保留图像总体的平滑度。使用"USM 锐化"滤镜可以调整图像边缘的对比度,并在边缘的每一侧生成一条亮线和一条暗线,使图像边缘更加突出,如图 11-68 所示。

原图　　　锐化边缘滤镜效果　　USM锐化滤镜效果

图 11-68

3. 智能锐化

"智能锐化"滤镜通过设置锐化算法来锐化图像,也可以通过控制阴影和高光中的锐化量来使图像产生锐化效果,如图 11-69 所示。

设置参数值

原图　　　　　　　　智能锐化效果

图 11-69

11.3.15 "风格化"滤镜

1. 查找边缘与等高线

使用"查找边缘"滤镜可以查找对比强烈的图像边缘区域并突出边缘,用线条勾勒出图像的边缘,生成图像周围的边界。使用"等高线"滤镜可以查找图像中的主要亮度区域并勾勒边缘,以获得与等高线图中的线条类似的效果。

2. 风

使用"风"滤镜可以在图像中放置细小的水平线

条,以获得风吹的效果,可以根据需要设置不同大小的风的效果,如图 11-70 所示。

 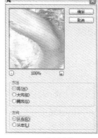

等高线对话框 风对话框

图 11-70

3. 浮雕效果

使用"浮雕效果"滤镜,可以通过将选区的填充色转换为灰色,并用原填充色描画边缘,从而使选区显得凸起或压低,制作出浮雕效果,如图11-71 所示。

"浮雕效果"对话框

原图 滤镜效果

图 11-71

4. 扩散

使用"扩散"滤镜,可以将图像中的像素搅乱,使图像的焦点虚化,从而产生透过玻璃观察图像的效果,如图 11-72 所示。

5. 拼贴

使用"拼贴"滤镜可以将图像分解为一系列拼贴,使选区偏离其原来的位置,如图11-73 所示。

6. 曝光过度

使用"曝光过度"滤镜可以使图像产生正片与负片混合的效果,这种效果类似于电影中将摄影照片短暂曝光的效果,如图11-74 所示。

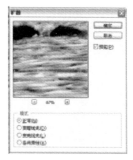

"扩散"对话框

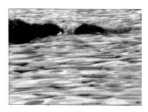 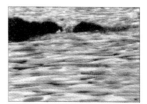

原图 扩散滤镜效果

图 11-72

"拼贴"对话框

原图 拼贴滤镜效果

图 11-73

选择"曝光过度"选项

原图 曝光过度滤镜效果

图 11-74

7. 照亮边缘

使用"照亮边缘"滤镜可以突出图像的边缘,并向其添加类似霓虹灯的光亮,如图 11-75 所示。

设置参数值

原图   照亮边缘滤镜效果

图 11-75

11.3.16 "视频"滤镜

"视频"滤镜组包括"NTSC 颜色"和"逐行"两种滤镜。使用这两种滤镜可以使视频图像和普通图像之间相互转换,如图 11-76 所示。

原图   NTSC颜色滤镜效果   逐行滤镜效果

图 11-76

11.3.17 "其他"滤镜

"其他"滤镜不同于其他分类的滤镜。在此滤镜特效中,可以创建自己的特殊效果滤镜。"其他"滤镜组中各种滤镜效果如图 11-77 所示。

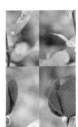

原图   高反差保留滤镜效果   位移滤镜效果   自定滤镜效果   最大值滤镜效果   最小值滤镜效果

图 11-77

11.4 滤镜使用技巧

掌握了滤镜的使用技巧,有利于快速、准确地使用滤镜为图像添加不同的效果。

11.4.1 重复使用滤镜

如果在使用一次滤镜后,效果不理想,可以重复使用滤镜。方法是直接按 Ctrl+F 组合键。重复使用"动感模糊"滤镜的不同效果,如图 11-78 所示。

11.4.2 对通道使用滤镜

如果分别对图像的各个通道使用滤镜,结果和对图像使用滤镜的效果是一样的。对图像的单独通道使用滤镜,可以得到一种较好的效果。对图像的单独通道使用滤镜前、后得到的效果如图 11-79 所示(对

图像的绿道使用径向模糊滤镜)。

图 11-78

图 11-79

11.4.3 对图像局部使用滤镜

对图像局部使用滤镜,是常用的处理图像的方法。首先对图像的局部进行选取,然后对选区进行羽化后再使用滤镜。对图像的局部使用"扭曲"滤镜中的"球面化"滤镜,得到的效果如图 11-80所示。

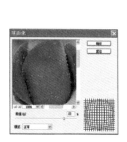

图 11-80

11.4.4 对滤镜效果进行调整

对图像使用"扭曲 → 波纹"滤镜后,效果如图 11-81所示。按 Ctrl+Shift+F 组合键,弹出如图 11-82 所示的"渐隐"对话框,调整"不透明度"选项的数值并选择"模式"选项,使滤镜效果产生变化,单击"确定"按钮,效果如图 11-83 所示。

图 11-81

图 11-83

图 11-82

11.5 上机练习

练习1 纹理制作——黑曜石

应用滤镜制作黑曜石纹理效果,最终效果如图 11-84所示。

【操作步骤提示】

(1) 创建新文件,使用"云彩"滤镜,接着使用"基底凸现"滤镜创建纹理。

(2) 使用"色相/饱和度"命令调整纹理的色彩。对图层使用"USB 锐化"滤镜获得需要的效果。

图 11-84　纹理效果

练习 2　画布上的风景

利用 Photoshop 滤镜创建如图 11-85 所示的油画效果。

图 11-85　油画效果

【操作步骤提示】

(1) 使用"色相/饱和度"命令适当增加素材图片的饱和度。

(2) 使用"干画笔"滤镜图画效果，使用"光照效果"滤镜为图像添加光照效果。

(3) 使用"纹理化"滤镜获得需要的效果。

练习 3　火焰效果的制作

利用 Photoshop 滤镜创建如图 11-86 所示的火焰效果。

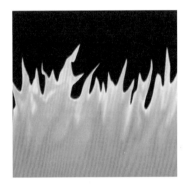

图 11-86　火焰效果

【操作步骤提示】

(1) 使用"渐变"命令作出火焰渐变色。

(2) 使用"液化"滤镜作出涂抹出火焰效果。

(3) 使用"高斯模糊"滤镜获得需要的效果。

第十二章

动作的制作

在动作控制面板中,Photoshop CS5 提供了多种动作命令,应用这些动作命令,可以快捷地制作出多种实用的图像效果。本章将详细讲解记录并应用动作命令的方法和技巧。读者通过学习要熟练掌握动作命令的应用方法和操作技巧,并能够根据设计任务的需要自建动作命令,提高图像编辑的效率。

学习任务

- 动作控制面板
- 记录并应用动作

- 上机练习

12.1 动作控制面板

动作控制面板可以用来对一批需要进行相同处理的图像执行批处理操作,以减少重复操作的麻烦。

选择"窗口 → 动作"命令,或按 Alt＋F9 组合键,弹出如图 12-1 所示的"动作"控制面板。

可以选择以列表显示或以按钮方式显示,效果如图 12-3所示。

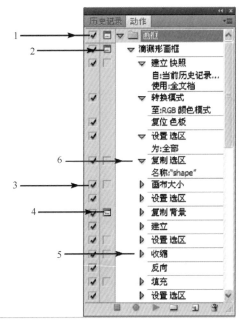

图 12-1

图 12-3

在图 12-1 中,1 为开/关当前默认动作下的所有命令;2 为开/关当前默认动作下的所有断点;3 为开/关当前按钮下的所有命令;4 为开/关当前按钮下的所有断点;5 为折叠命令清单按钮;6 为展开命令清单按钮。

在"动作"控制面板中,⬛ ⬤ ▶ ⬜ ⬛ 🗑 下方的按钮由左至右依次为:"停止播放/记录"按钮 ⬛ 、"开始记录"按钮 ⬤ 、"播放选定的动作"按钮 ▶ 、"创建新组"按钮 ⬜ 、"创建新动作"按钮 ⬛ 和"删除"按钮 🗑 。

单击"动作"控制面板右上方的图标 ⬛ ,弹出"动作"控制面板的下拉命令菜单,如图 12-2 所示,下面是各个命令的介绍。

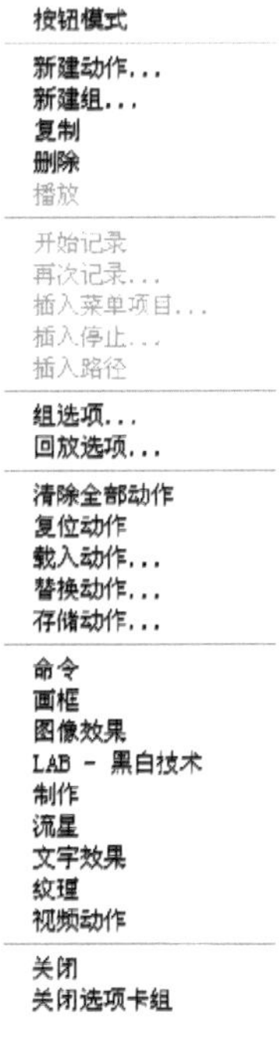

▶ "按钮模式"命令:用于设置"动作"控制面板的显示方式,

按钮模式

新建动作...
新建组...
复制
删除
播放

开始记录
再次记录
插入菜单项目...
插入停止...
插入路径

组选项...
回放选项...

清除全部动作
复位动作
载入动作...
替换动作...
存储动作...

命令
画框
图像效果
LAB - 黑白技术
制作
流星
文字效果
纹理
视频动作

关闭
关闭选项卡组

图 12-2

▶ "新建动作"命令:用于新建动作命令并开始录制新的动作命令。

▶ "新建组"命令:用于新建序列设置。

▶ "复制"命令:用于复制"动作"控制面板中的当前命令,使其成为新的动作命令。

▶ "删除"命令:用于删除"动作"控制面板中选中的动作命令。

▶ "播放"命令:用于执行"动作"控制面板中所记录的操作步骤。

▶ "开始记录"命令:用于开始录制新的动作命令。

▶ "再次记录"命令:用于重新录制"动作"控制面板中的当前命令。

▶ "插入菜单项目"命令:用于在当前的"动作"控制面板中插入菜单选项,在执行动作时此菜单选项将被执行。

▶ "插入停止"命令:用于在当前的"动作"控制面板中插入断点,在执行动作遇到此命令时将弹出一个对话框,用于确定是否继续进行。

▶ "插入路径"命令:用于在当前的"动作"控制面

板中插入路径。

▶ "动作选项"命令:用于设置当前的动作选项。

▶ "回放选项"命令:用于设置动作执行的性能,单击此命令,弹出如图 12-4 所示的"回放选项"对话框。在对话框中,"加速"选项用于快速地按顺序执行"动作"控制面板中的动作命令;"逐步"选项用于逐步地执行"动作"控制面板中的动作命令;"暂停"选项用于设定执行两条动作命令间的延迟秒数;勾选"为语音注释而暂停"复选框,设置暂停时有声音提示。

图 12-4

▶ "清除全部动作"命令:用于清除"动作"控制面板中的所有动作命令。

▶ "复位动作"命令:用于重新恢复"动作"控制面板的初始化状态。

▶ "载入动作"命令:用于从硬盘中载入已保存的动作文件。

▶ "替换动作"命令:用于从硬盘中载入并替换当前的动作文件。

▶ "存储动作"命令:用于保存当前的动作命令。

"命令"以下都是配置的动作命令。

"动作"控制面板的应用提供了灵活便捷的工作方式,只需建立好自己的动作命令,然后将千篇一律的工作交给它去完成即可。在建立动作命令之前,首先应选用清除动作命令,清除或保存已有的动作命令,然后再选用新建动作命令并在出现的对话框中输入相关的参数,最后单击"确定"按钮即可完成。

12.2　记录并应用动作

在"动作"控制面板中,可以非常便捷地记录并应用动作。

打开一幅图像,如图 12-5 所示。在"动作"控制面板的下拉命令菜单中选择"新建动作"命令,弹出"新建动作"对话框,如图 12-6 所示进行设定。单击"记录"按钮,在"动作"控制面板中出现"动作 1",如图 12-7 所示。

图 12-5

图 12-6

图 12-7

在"图层"控制面板中新建"图层 1",如图 12-8 所示,在"动作"控制面板中记录下了新建图层 1 的动作,如图 12-9 所示。

在"图层 1"中绘制出渐变效果,如图 12-10 所示,在"动作"控制面板中记录下了渐变的动作,如图 12-11 所示。

图 12-8　　　　　　　图 12-9

图 12-10　　　　　　图 12-11

在"图层"控制面板的"模式"选项中选择"柔光"，如图 12-12 所示，在"动作"控制面板中记录下了选择模式的动作，如图 12-13 所示。

图 12-12　　　　　　图 12-13

对图像的编辑完成，效果如图 12-14 所示，在"动作"控制面板下拉命令菜单中选择"停止记录"命令，"动作 1"的记录即完成，如图 12-15 所示。

图 12-14　　　　　　图 12-15

图像的编辑过程被记录在"动作 1"中，"动作 1"中的编辑过程可以应用到其他的图像当中。

打开一幅图像，如图 12-16 所示。在"动作"控制面板中选择"动作 1"，如图 12-17 所示。单击"播放选定的动作"按钮，图像编辑过程和效果就是刚才编辑图像时的编辑过程和效果，最终效果如图 12-18 所示。

图 12-16

图 12-18

图 12-17

161

12.3 上机练习

练习　图片边框轻松作

　　使用"动作"命令制作如图 12-19 所示的边框效果。

【操作步骤提示】

　　(1) 播放"画框"动作组中的"笔刷形画框"动作。

　　(2) 再次播放"画框"动作组中的"木质画框－50像素"动作。

图 12-19　添加边框效果

第十三章

综合应用精彩实例

 学习任务

- 文字特效
- 冰雪世界效果

- 设计动感的摇滚音乐海报
- 《红楼梦》封面设计

13.1 文字特效

水晶字

(1) 建立一个新文件,切换到通道面板,单击下面的建立新通道按钮,建立一个新通道"Alpha 1",如图13-1所示。

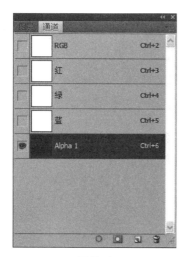

图 13-1

(2) 输入文字,如"水晶字",确定后在键盘上按下"Ctrl＋D"快捷键(取消选择的快捷键),然后执行"滤镜→模糊→高斯模糊"命令,如图13-2、图13-3所示。

图 13-2

图 13-3

(3) 然后按住"Alpha 1",拖到下面的"建立新通道"图标上,将"Alpha 1" 复制为"Alpha 1 副本",如图13-4所示。

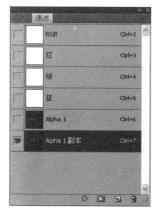

图 13-4

(4) 切换到通道"Alpha 1 副本",执行"滤镜→其它→位移"命令,进行参数设置,如图13-5所示。

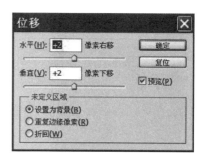

图 13-5

(5) 执行"图像→运算"命令,设置好对话框中的参数,如图13-6所示。

图 13-6

(6) 执行"图像→调整→自动色阶"命令,然后在键盘上按下"Ctrl＋M"快捷键(调整曲线),调整曲线后确定,如图13-7所示。

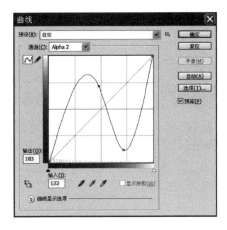

图 13-7

(7) 执行"图像/运算"命令,设置好参数后,单击确定,如图 13-8 所示。

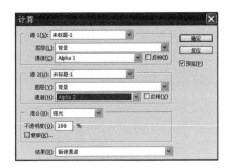

图 13-8

(8) 按下"Ctrl＋A"快捷键(全选),"Ctrl＋C"快捷键(拷贝),然后切换到层面板,选择背景层,按下

"Ctrl＋V"快捷键(粘贴),新建一个空白图层,选择渐变填充工具,从图像中心拖至边缘,更改图层模式为柔光,图像制作完成,如图 13-9、图 13-10 所示。

图 13-9

图 13-10

13.2 冰雪世界效果

(1) 按"Ctrl＋O"快捷键打开一幅格式为 RGB 的风景图片,如图 13-11 所示。

图 13-11

(2) 执行"滤镜→像素化→晶格化"命令,参数设置如图 13-12 所示。

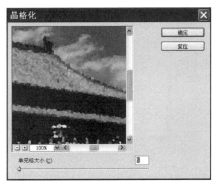

图 13-12

（3）执行"滤镜→杂色→添加杂色"命令，参数设置如图 13-13 所示。

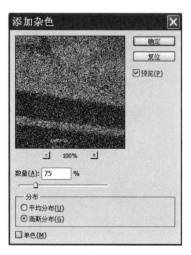

图 13-13

（4）执行"滤镜→模糊→高斯模糊"命令，参数设置如图 13-14 所示。

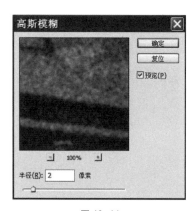

图 13-14

（5）按"Ctrl＋M"快捷键打开曲线对话框，参数设置如图 13-15 所示。

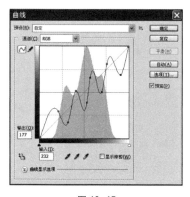

图 13-15

（6）按"Ctrl＋I"快捷键进行颜色反转，如图 13-16 所示。

图 13-16

（7）执行"图像→画布旋转→逆时针旋转 90 度"命令，如图 13-17 所示。

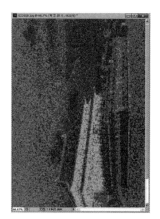

图 13-17

（8）执行"滤镜→风格化→风"命令，参数设置如图13-18 所示。

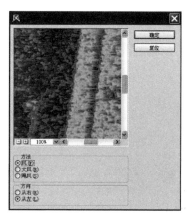

图 13-18

（9）执行"图像→调整→色相与饱和度"命令，参数设置如图 13-19 所示。

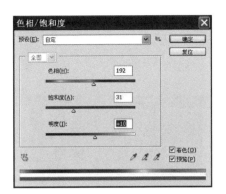

图 13-19

(10) 单击确定按钮,执行"图像→画布旋转→顺时针 90 度"命令,完成最终效果,如图 13-20 所示。

图 13-20

13.3 设计动感的摇滚音乐海报

(1) 创建一个尺寸为 600×600 像素的文档,并用黑色填充,如图 13-21 所示。

图 13-21

(2) 打开星空素材,粘贴到画布上,降低图层的不透明度为 50%,并添加一个图层蒙版,使用一个柔角大的黑色画笔在蒙版上涂抹,去除繁杂的星星,如图 13-22 所示。

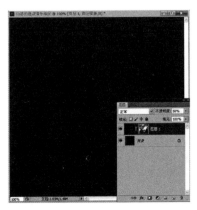

图 13-22

(3) 点击图层面板下方的"创建新的填充或调整图层"按钮,选择"色阶"并作如下调整,如图 13-23 所示。

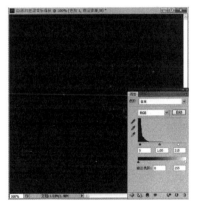

图 13-23

(4) 打开人物素材,给吉他手图层添加一个图层蒙版,并使用黑色画笔隐藏掉不需要的部分,如下图所示,如图 13-24 所示。

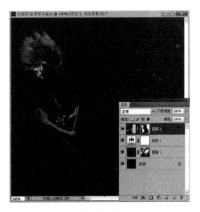

图 13-24

（5）新建一个图层,命名为"光点",将这个图层放置在星空图层与吉他手图层之间,使用"吸管工具"在吉他手头发上吸取颜色,并使用柔角"画笔工具"在左上角头发后面添加几个光点,如图 13-25 所示。

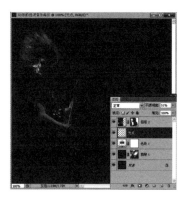

图 13-25

（6）再新建一个图层,命名为"涟漪",选择"椭圆选框工具"设置羽化值为 30 px,并在画布上绘制一个椭圆,执行"滤镜→渲染→云彩"命令,得到如下效果,如图 13-26 所示。

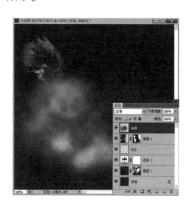

图 13-26

（7）执行"滤镜→扭曲→水波"命令,并进行参数设置,如图 13-27 所示。

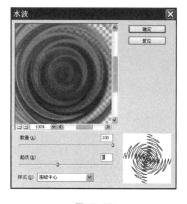

图 13-27

（8）执行"编辑→变换→扭曲"命令,并进行参数设置将图像制作出如下效果,然后添加图层蒙版,使用柔角黑色画笔将一部分隐藏,将人物显现出来,如图 13-28 所示。

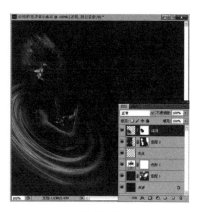

图 13-28

（9）然后将图层的不透明度降低,画面将得到涟漪效果,如图 13-29 所示。

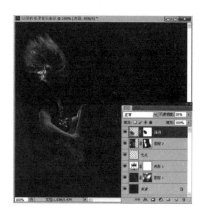

图 13-29

（10）复制"涟漪"层,移动位置,会得到更多的效果,如图 13-30 所示。

图 13-30

(11) 同样的方法制作一个小一些的涟漪,放在吉他的旁边,如图 13-31 所示。

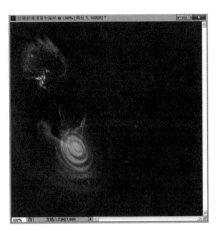

图 13-31

(12) 双击小涟漪的图层,调出"图层样式",分别设置:外发光、内发光、颜色叠加选项,如图 13-32 所示。

(13) 降低图层透明度,将填充设置降低,如图 13-33 所示。

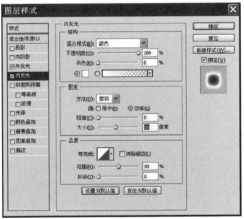

图 13-32

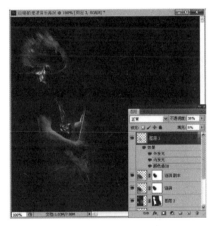

图 13-33

(14) 选择画笔工具,设置画笔大小为 2px,颜色为白色。新建一个图层,使用"钢笔工具"图绘制路径,然后点击鼠标右键,在弹出的菜单中选择"描边路径",并勾选"模拟压力",单击确定,如图 13-34 所示。

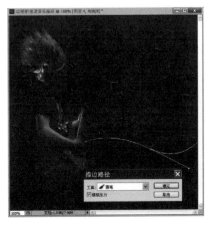

图 13-34

（15）通过上述操作，会得到如图所示线条，如图 13-35 所示。

图 13-35

（16）双击线条图层，弹出图层样式，设置外发光，如图 13-36 所示。

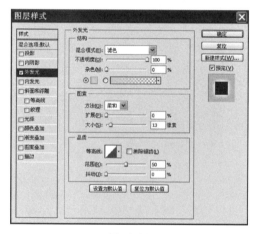

图 13-36

（17）将图层的填充设置为 30%，效果如图 13-37 所示。

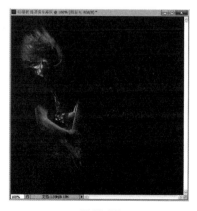

图 13-37

（18）重复上一步骤，制作出更多的线条，效果如图 13-38 所示。

图 13-38

（19）新建一个图层，使用套索工具绘制一条光路径，并填充白色，如图 13-39 所示。

图 13-39

（20）将图层的混合模式设置为叠加，并将不透明度设置为 50%，如图 13-40 所示。

图 13-40

（21）双击该图层调出"图层样式"，设置渐变叠加，如图 13-41 所示。

图 13-41

（22）选择画笔工具，按 F5 调出画笔预设，并作如下设置，如图 13-42 所示。

（23）如下图绘制光斑点，如图 13-43 所示。

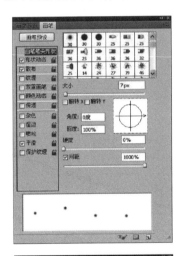

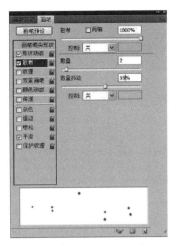

图 13-42

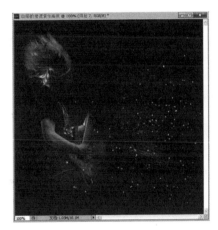

图 13-43

（24）双击图层调出"图层样式"，选择外发光，并作设置，如图 13-44 所示。

图 13-44

（25）选择一个字体，在画布上输入文字，如图 13-45 所示。

（26）点击图层面板下方的"创建新的填充或调整图层"按钮，并分别选择"色阶"和"渐变映射"进行设置，渐变映射的颜色是默认的"紫色到橙色"渐变，如图 13-46 所示。

图 13-45

图 13-47

(28) 最终效果,如图 13-48 所示。

图 13-48

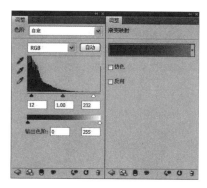

图 13-46

(27) 降低渐变映射颜色的不透明度,如图13-47所示。

13.4 《红楼梦》封面设计

(1) 执行"文件→新建"命令(快捷键 Ctrl+N),弹出新建对话框,名称设置为"书籍封面设计",宽度为204 毫米,高度为 140 毫米,分辨率为 300 像素/英寸,颜色模式为 RGB 颜色、8 位,背景内容为白色,设置完毕后单击"确定"按钮,如图 13-49 所示。

(2) 按"Ctrl+R"快捷键显示出标尺,选择工具箱中的移动工具,在标尺边缘拖出辅助线,如图 13-50 所示。

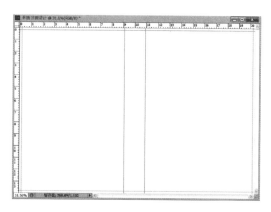

图 13-50

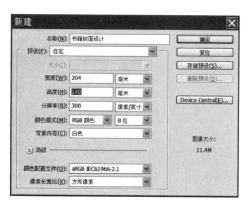

图 13-49

(3) 把前景色设置为黄色(#e5d7bc),按"Alt+

Delere"快捷键,填充颜色,如图 13-51 所示。

图 13-51

(4) 执行菜单"滤镜→杂色→添加杂色"命令,弹出"添色杂色"对话框,设置数量为 10%,分布为平均分布,勾选单色,如图 13-52 所示。

图 13-52

(5) 单击图层面板下方的"创建新图层"按钮,新建"图层 1";选择工具箱"矩形选框"工具,在页面右部画出矩形,前景色设置为:♯d2c7b2,按"Alt+Delete"快捷键,填充颜色,再按"Ctrl+D"快捷键,取消选区,如图 13-53 所示。

图 13-53

(6) 执行"文件→置入"命令,弹出置入话框,置入"封面设计素材 1",调好位置,按 Enter 键;再执行"图层→栅格化→图层"命令,如图 13-54 所示。

图 13-54

(7) 在图层面板上把图层的不透明度设置为 50%,如图 13-55 所示。

图 13-55

(8) 选择图层,单击图层面板下方的"添加图层蒙板"按钮,再选择工具箱中的"渐变"工具,在工具选项栏上选择"黑白渐变"样式和"线性"渐变,然后在页面拖曳渐变,如图 13-56 所示。

图 13-56

(9) 执行"文件→置入"命令,弹出置入话框,置入

"封面设计素材 2",调好位置,按 Enter 键;再执行"图层→栅格化→图层"命令,在图层面板上把"封面设计素材 2"的图层的混合模式设置为"强光",如图 13-57 所示。

图 13-57

(10) 执行"文件→置入"命令,弹出置入话框,置入"封面设计素材 3.",调好位置,按 Enter 键;再执行"图层→栅格化→图层"命令,如图 13-58 所示。

图 13-58

(11) 选择工具箱中的"矩形选框"工具,在页面的"封面设计素材 3"图层中画出同样大小的矩形,执行"文件→编辑→描边"命令,弹出"描边"对话框,设置宽度为 20px,颜色为:#8a7f6d,设置完毕后单击"确定"按钮,如图 13-59 所示。

图 13-59

(12) 选择工具箱中的直排文字工具,输入"红楼

梦"(繁体),设置字体为隶书,大小为 48 点,颜色为白色,如图 13-60 所示。

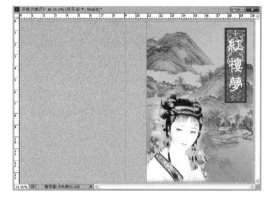

图 13-60

(13) 右键点击文字图层,选择右键菜单中的"混合选项",弹出"图层样式"对话框,勾选投影选项,设置混合模式为"正片叠底",阴影颜色设置为红色,不透明度为 100%,角度为 120 度,勾选全局光,距离为 8 像素,扩展为 0%,大小为 18 像素,如图 13-61 所示。

图 13-61

(14) 选择工具箱中的直排文字工具,输入"又名\石头记",设置字体为隶书,大小为 14 点,颜色为黑色,如图 13-62 所示。

图 13-62

(15) 选择工具箱中的直排文字工具,输入"作者\曹雪芹\高鹗",设置字体为隶书,大小为 9 点,颜色为黑色,如图 13-63 所示。

图 13-63

(16) 选择工具箱中的横排文字工具,输入"中国古典文学丛书",设置字体为宋书,大小为 9 点,颜色为黑色。选择工具箱中的横排文字工具,输入"广东文艺出版社",设置字体为华文行楷,大小为 10 点,颜色为黑色,如图 13-64 所示。

图 13-64

(17) 在书面上复制出书名和素材边框,移动在书脊上,执行"编辑→自由变换"命令(快捷键 Ctrl+T),调整大小,如图 13-65 所示。

图 13-65

(18) 选择工具箱中的直排文字工具,在书脊上输入"作者\曹雪芹\高鹗",设置字体为隶书,大小为 8 点,颜色为黑色,如图 13-66 所示。

图 13-66

(19) 选择工具箱中的直排文字工具,输入"广东文艺出版社",设置字体为华文行楷,大小为 10 点,颜色为黑色,如图 13-67 所示。

图 13-67

(20) 执行"文件→置入"命令,弹出"置入"对话框,置入"封面设计素材 4",调好位置,按 Enter 键;再执行"图层→栅格化→图层"命令,如图 13-68 所示。

图 13-68

(21) 在图层面板上把"书籍封面设计素材 4"的

图层的不透明度设置为 50%,如图 13-69 所示。

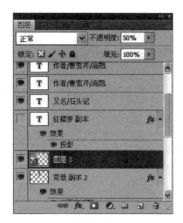

图 13-69

(22) 选中"书籍封面设计素材 4"的图层,单击在图层面板下方的"添加图层蒙版"按钮,再选择工具箱中的渐变工具,在工具选项栏上选择"黑白渐变"样式和"线性"渐变,然后在页面拖曳渐变,如图 13-70 所示。

图 13-70

(23) 单击图层面板下方的"创建新图层"按钮,新建"图层 4",如图 13-71 所示。

图 13-71

(24) 选择工具箱中的矩形选框工具,在页面底部

画出矩形,前景色设置为白色,按"Alt+Delete"快捷键填充白色,再按"Ctrl+D"快捷键,取消选区,如图 13-72 所示。

图 13-72

(25) 单击图层面板下方的"创建新图层"按钮,新建"图层 5",如图 13-73 所示。

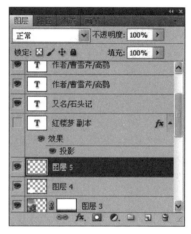

图 13-73

(26) 选择工具箱中的铅笔工具,结合左右中括号键设置不同笔尖大小,按 Shift 键画出垂直线,如图 13-74 所示。

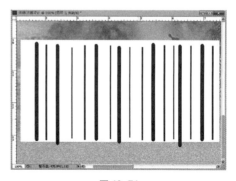

图 13-74

（27）把"图层3"拖到创建新图层按钮处，复制出"图层2副本"，调整位置，再选择工具箱中的"矩形选框"工具，选出上下边按 Delete 键删除；再按"Ctrl＋D"快捷键，取消选区，如图13-75所示。

图 13-75

（28）选择工具箱中的横排文字工具，输入书号，设置字体为宋书，大小为6点，颜色为黑色，如图13-76所示。

图 13-76

（29）单击图层面板下方的"创建新图层"按钮，新建图层。选择工具箱中的铅笔工具，设置笔尖大小为3 px，按 Shift 键画出横直线。选择工具箱中的横排文字工具，输入书号和定价，设置字体为宋书，大小为6点，颜色为黑色，如图13-77所示。

图 13-77

（30）选择工具箱中的横排文字工具，输入责任编辑、封面设计的文字和书的内容简介，如图13-78所示。

图 13-78

（31）去除辅助线，最终效果如图13-79所示。

图 13-79

参 考 文 献

[1] 汤智华. Photoshop CS5 图像处理基础教程[M]. 北京：人民邮电出版社,2012.

[2] 王红兵,金益. Photoshop CS5 实例教程[M]. 北京：人民邮电出版社,2012.